The Essence

氣味、芳香、香水，
探索人類最私密的嗅覺感官世界

Gestalten —— 編著

韓書妍 —— 譯

 積木文化

目次

編註：本書引用皆為原文出版（2019）前數據資料。

人生的氣味

我們所嗅聞到的一切,都與過往記憶和戀舊情懷緊密連結。例如鋼琴老師手上的薰衣草、滿布灰塵的地毯與樟腦丸氣味的爺爺奶奶家,在你的第一間公寓走廊中久久不散的不知名菜餚的鹹香氣味,學校舞會舞伴輕點在頸部和手腕內側的香水。香氣向來是打開記憶門扉的鑰匙,在我們的五感當中,嗅覺與記憶的連結最直接,是縈繞在腦海中的愉悅驚喜,有如一扇靜待再度被開啟的過往之門。

D.S. & Durga的「Coriander」辛香調香水形象廣告,由雙人組莉塔·索比拉斯基(Leta Sobierajski)和韋德·杰弗利(Wade Jeffree)創作。

　　嗅覺和觸覺這兩種感官無法不透過時間和空間來傳達,不同於圖像與聲音,嗅覺和觸覺沒有辦法變成檔案來傳送。這兩種感官與數位化沾不上邊,無法任意跨越國界,一定要在現場才能接收感知。被紙鋒割傷的刺痛,剛打完蠟的光滑車身,愛人拱起背脊時皮膚上的雞皮疙瘩⋯⋯這些感受不計其數而短暫,是稍縱即逝的體驗。而「香氣」,更是揭露了人之所以為人的關鍵。接下來的內容,包括嚴謹的研究、推動科學與想像發展的人物側寫,以及皇室追求香氣,亦即香氣做為國王、女王與貴族第二層肌膚的歷史。

　　鼻子的嗅球座落的位置非常接近大腦底部,沒錯,甚至比雙眼更近,眼睛還必須經由視網膜的視錐細胞,後製處理接收到的訊息,嗅球卻是直接連結杏仁核與海馬迴,那裡正是開啟情緒與記憶之門的記憶生成處。偶然遇上熟悉的香氣時,世界彷彿瞬間倒轉,直達彼時彼處。在戶外猛然遇見一陣氣味,然後你的時空戛然而止。畫面開始顯現,起初震顫跳動,有如斷斷續續的電影放映機;只有你自己才能選擇是否繼續觀看這段未經審視的懷舊記憶。

[1]

[2]

我們能夠聞出多少種氣味？啟蒙時代以來，科學家不斷研究感官，直到2014年，他們才發現人類能夠感測約1.7兆種不同分子。氣味的奧祕就像大海一樣深不可測，與記憶的關係既明確卻又無以名狀。如果這些氣味和不斷記錄的個別記憶一樣獨特，那麼光是透過鼻子，就能展現出一整個天地。那是心愛之人在我們的生命中，在這片天地裡流露的氣味：在他們的衣袖中若有似無，在他們最常碰觸的物品上，趁沒人注意時彼此的肢體接觸。這是後頸的氣味，這是只為我們烹調的特別料理，那是和母親手牽手的時候落在水泥地上的雨水氣味。香氣倏忽開啟大門，接著又猛然關上。

標誌性香氣可以構成個人特色、一如眼珠顏色或身高，勾起思念之情，也可以展開一段對話。全球最頂尖的香水品牌，便是藉此賺進大把金錢。品牌的行銷元素中，一定會強調「個人特質」，目的就是要成為你的標誌香氣，成為你的符號。香水是純粹的化學，是存在數千年的古老傳統：精油無窮無盡的可能與組合，可供萃取、蒸餾，並結合成代表性創作。無論每年生產多少加侖的「Chanel No.5」（香奈兒五號），它永遠都會和所有奢侈品一樣歷久不衰、讓人夢寐以求。檀香、香檸檬（bergamot）、沒藥（myrrh）、苦橙、玫瑰花瓣和廣藿香（patchouli），構築出的香氣不僅迷人，更帶有某種熟悉感。實驗室合成技術的出現帶來更多可能性。想要聞起來像名流嗎？不妨來款令人想起巴西叢林、太平洋西北地區營火，或是福特野馬的香水吧！一如本書提及的先鋒們的發現，孕育生成香氣是潛力無窮盡的領域，讓香氛產業成為實驗的天堂，吸引新創公司、訂製工匠、獨立調香師，當然也少不了全球化企業集團。

[1] 1930年代法國雜誌《L'Illustration》中Lubin香水「熱情」（Ferveur）的廣告。

[2] 1920年代尤普・維耶茲（Jupp Wiertz）為《Vogue》雜誌繪製的裝飾藝術香水廣告。

[3]

[4]

有趣的是，價值高達480億美金的香水市場中，仍然有實驗的空間。調香師總有機會深入了解奇特事物，例如因為臭氣熏天而在亞洲受到最多限制的榴槤，或是採集自麝香貓肛門腺的油脂，顯然經過蒸餾後，排泄物般的氣味就會分解成迷人的香氣；在蘇格蘭崎嶇多岩石的海岸偶然撿到龍涎香，簡直可比發現黃金；外形如其名的鬼筆頭（stinkhorn）；1940年代第一個發現鈽元素者，將其化學符號命名為有如驚嘆一聲的「PU」；全世界最大的花原生於婆羅洲，每十年才開花一次，有機會一親「芳澤」的觀眾和植物學家，都會體驗到腐敗的魚、霉味、汗水和藍紋乳酪等令人作嘔的恐怖臭味。大王花能用在香水中嗎？除了具高度放射性的鈽239，勇於嘗試的調香師會不斷實驗下去直到心滿意足。

為什麼有些氣味很難聞，有些卻令人飄然陶醉？這或許是演化的警示機制，讓我們遠離排泄物、細菌、汗水、腐肉：不要喝臭掉的水，不要吃腐敗的肉。氣味可讓人反感或具吸引力，拒人於千里之外或令人無法自拔，挑逗慾望與接觸。動物會分泌費洛蒙，吸引發情中的交配對象，牠們會彼此摩擦身體，或是在物體和整塊植被上摩擦，用來標記地盤，驅趕求愛對手。我們的愛情靈藥並非來自香水瓶，而是來自早上已離開的愛人留下的微生物、代謝、汗水和睪固酮的一絲蹤跡。你瞧，氣味能讓人想起多少事啊！對香水和身體汗水的朦朧記憶能帶來某種愉悅，心中的渴望卻無法獲得滿足。

吸氣，深呼吸。時時刻刻尋找新鮮空氣，深吸一口氣，創造令人嚮往的純然眷戀，因為我們聞到的一切，都與人性緊密連結。

[3] 紐約市香水店Perfumarie中的多款香氛陳列。
[4] 洛杉磯非營利的藝術與嗅覺學院（Institute for Art and Olfaction）開設的氣味藝術課程。

| 第一部 |

氣味
與香氣

9-41

論文

身體與心靈：嗅覺系統

哲學家雅妮克・勒蓋荷（Annick Le Guérer）曾經指出，千百年前，笛卡兒、亞里斯多德、柏拉圖和黑格爾等哲學家蔑視人類的嗅覺，因為認為那是俗氣、難以表述、等而下之、粗魯的，康德更說嗅覺是最沒必要發展的感官。康德對嗅覺的輕蔑極深，甚至曾說，如果鼻子失去功能，人還是能享受芳香馥郁的花園，因為即使聞不到花香，欣賞視覺之美就大大足夠。

直到尼采，哲學家才認為人類鼻子能登大雅之堂，事實上，他還高聲讚美且自稱有極度敏銳的嗅覺，能夠聞出真相，其所言不假。他在1888年寫道：「我是有史以來足夠明理，能夠感測虛假之所以虛假，因而看見真實的第一人。」佛洛伊德和他的德國耳鼻喉科醫師朋友弗萊斯（Wilhelm Fleiss）對氣味提出幾個小小的實驗概念及理論，認為性心理精神官能症與人類的鼻道有密切關聯。

1895年，弗萊斯為佛洛伊德的一名患者進行鼻道手術，企圖轉移當時稱為歇斯底里的病症。然而手術後，這名年輕女性卻抱怨鼻子劇烈疼痛，並且開始散發腐敗惡臭。佛洛伊德找來另一位醫師，結果竟從患者的鼻子拉出一條將近兩呎長的手術紗布，是福萊斯意外遺留在鼻道內的（別忘了當時佛洛伊德和弗萊斯吸食不少古柯鹼）。

移除紗布一事讓佛洛伊德大為震驚，這名女性的鼻子不停湧出鮮血，以及那股惡臭，導致佛洛伊德建立了記憶與鼻子連結的理論。「從記憶中湧現的惡臭，與當下看到實物一樣可怕」，1897年他在一封給弗萊斯的信中如此寫道。

話說回來，無論尼采多麼看重嗅覺器官，對於嗅覺的研究依舊非常貧瘠。對於人類可以嗅聞出多少不同的分子，至今仍爭論不休。

2014年時，科學界普遍接受人類能夠聞出大約一萬種不同的分子，可是這項數字是來自一份1927年發表的論文。洛克斐勒大學（Rockefeller University）的安德烈亞斯・凱勒（Andreas Keller）所領軍的研究人員在2014年發現，這份數字錯得離譜，而且他們的研究（讓受試者嗅聞多種氣味的不同混合）發覺此數字很可能接近1.7兆。

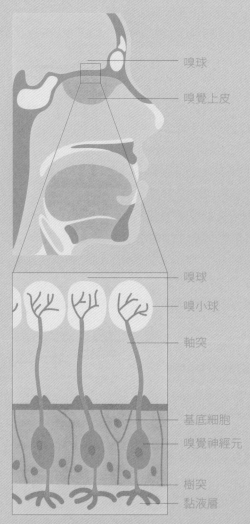

嗅球

嗅覺上皮

嗅球

嗅小球

軸突

基底細胞

嗅覺神經元

樹突

黏液層

人類的嗅覺系統

關於「分子是否帶氣味」一事也有爭議。氣味理論家與生物物理學家路卡·杜林（Luca Turin）提出的邊緣理論，被部分人士視為自由基的激進氣味理論，論點是每一種分子的氣味特徵都與該分子在紅外線範圍內的獨特振幅有關。另一個理論在眾多理論家之間普遍較有共識，那就是嗅覺受器的形狀與形形色色的互動與連結，使每一種分子聞起來都不一樣。

無論某種分子擁有某種氣味的原因是什麼，這些分子全都會在同一個地方進行處理，也就是鼻子。我們吸氣時，會將香氣分子吸入鼻子裡，這些分子前往嗅覺上皮，亦即鼻道盡頭上方一層布滿神經的黏膜。氣味分子在那裡透過神經元和軸突進入嗅球，後者形狀如潛艇般隆起，緊鄰杏仁核和海馬迴，也就是構成記憶中心的大腦邊緣系統的一部分。

從那時開始，芳香學（芳香療法的分支）成為發展迅速的專業學問。2014年，里昂大學（University of Lyon）的研究人員發現，透過宜人的氣味控制環境，可降低老年人的壓力，並改善心情。

相較於其他感官，嗅覺在神經學和心理學兩方面的研究實在太過貧乏。1991年理查·亞賽爾（Richard Axel）與琳達·巴克（Linda Buck）發表一篇論文後，絕大多數的研究才跟進，兩人將嗅覺過程系統化，最後更因為他們的成就，於2004年贏得諾貝爾獎。

1980年，《新英格蘭醫學雜誌》（*New England Journal of Medecine*）的一篇文章中，路易斯·湯瑪士（Lewis Thomas）寫道：「我認為可以透過評估全面了解嗅覺所需的時間，以推斷神經科學往後數百年的未來。嗅覺或許看似不足以主導生命科學，不過卻一點一滴、確確實實地包含了所有奧祕。」

隨著越來越多研究問世，湯瑪士這番話也越發顯得有道理。

論文

嗅覺受器面面觀

我們的嗅覺系統是一件古老的感知配備，和大腦本身的歷史同樣悠久，以一大群容易遭受攻擊的神經元探測外在世界。嗅覺系統僅以一層薄薄的黏液保護，也是唯一與外界接觸的器官。這些對化學物質敏感的神經纖維從大腦沿著頭骨前方，一路延伸至鼻孔上方的安身之處。氣味正是在此始於嗅覺受器。

受器神經元將化學訊號轉換成電訊號，每一個氣味訊號的點都會生成自己的電脈衝，接著由大腦資料庫辨識，送往其他暴露在外的神經纖維，進入稱為「邊緣系統」的神經區域，訊號在這裡成為嗅覺感知。氣味在此處變成經驗，最後成為難以忘懷的記憶。

邊緣系統是嗅覺感知的重要角色，也負責執行人類的生存本能，會下達指令並協同動作。海馬迴正是位於邊緣系統，也就是處理情緒的地方，在我們無意識中自動運作。事實上，除非屏住呼吸，否則我們無法阻止自己嗅聞。人的一切作為，事實上都超乎自身控制，所有對我們影響最深遠的事物都會牽扯上邊緣系統，而氣味感知的影響也相不去遠。

如此原始的感覺系統，能夠進一步提升嗎？可以將嗅覺用於品味的智性目的嗎？絕對是可行的。你可以練習嗅聞技巧，也可以鼻子貼著地面滿地爬，不過，這麼做對提升嗅覺的程度相當有限。唯有集中注意力，才可能讓嗅覺系統更上一層樓。

透過鼻子接收的訊息，絕大多數都是渾然不覺的，或許數量遠超過所有其他感官，嗅覺是沉默的感官。磨練嗅覺的關鍵，就是將無意識的自動嗅聞過程，轉變為有意識的體驗。這項轉變需要建構一套語彙，可幫助我們在意識到氣味時的感知與覺察。

除了香氛專業人士，幾乎人人都有過無法以言詞描述指稱某個氣味的經驗。語言與標示是明確認知的行為，並非與氣味辨識有特定關聯。然而，調香師必須學習辨認粗估一千種化學物質的名稱，以及其他數千種與這些化學物質相對應的氣味。

要在香調世界中恣意翱翔，就
必須成為業餘的嗅覺學家，透
過化學反應、新陳代謝過程，
以及周遭環境條件的鏡頭探索
世界，同時也必須研究自己的
內在世界。

調香師顯然提供了可行的範本，讓我們開發培養內在的嗅覺對話。首先，調香師透過周密嚴謹的記憶，將這些化學物質的名字和狀態深深刻印在腦海中，再來是這些化學物質所呈現的所有氣味感知的形容。然後調香師開始結合這些化學物質，提出洗練精緻的香氣成果。

外行人若想充實日常的嗅覺經驗，並不需要達到調香師的嫻熟專業程度，不過確實需要多花一些注意力，並即刻開始進行，因為老化的過程中，腦部功能會無可避免地衰退，嗅覺也會隨之退化。

要在香調世界中恣意翱翔，就必須成為業餘的嗅覺學家，透過化學反應、新陳代謝過程，以及周遭環境條件的鏡頭探索世界，同時也必須研究自己的內在世界。氣味透過邊緣系統處理時，就會轉譯進入我們的自身經驗資料庫。其中強而有力的情緒記憶，可以用來將無聲世界中肉眼不可見的化學訊息，轉化為充滿意義的嗅覺經驗。

論文

氣味與性：馥郁的慾望

性的氣味豐富飽滿、強勁猛烈，而且極具挑逗性。心愛之人的氣味，頸窩散發的柔嫩肌膚氣息；大熱天沁人的淋漓汗水，讓你的腦袋招架不住性感慾望；你和愛侶纏綿後充盈整個房間的肉體氣味，彼此依偎著，讓人一生難以忘懷。

一切看似很簡單：氣味在人類和動物王國中皆扮演「性」的角色。雖然我們如此確信，但又有多少驗證呢？經研究，有些性費洛蒙會在潛意識中控制哺乳類動物的性渴求，使牠們對異性慾望高漲，那人類呢？

在美國最平等的殿堂，也就是加油站，櫃檯處擺放了品名為Arouse-Rx、Super-Primal和TRUEAlpha的費洛蒙混合物，讓人可以輕易買來，滴在身上，提升魅力。

「費洛蒙」或許是和性慾有關、最活躍的字眼。費洛蒙的潛力絕對不乏各式各樣的佐證：蝙蝠俠宇宙中的超級反派毒藤女就利用費洛蒙讓男性對她百依百順。「Paris Hilton」香水宣稱基調中含有豬烯酮（androstenone），是散發性引誘劑時的必備費洛蒙。

藝術與嗅覺學院和網路電臺dublab，在2018年製作系列廣播節目「無味的學徒」（The Scentless Apprentice），深入說明香水與文化，我和特里斯坦·懷耶特博士（Dr. Tristram Wyatt）曾在節目中對談。懷耶特在英國牛津大學（University of Oxford）凱洛格學院（Kellogg College）動物學系擔任資深研究人員與榮譽研究員，是首屈一指的哺乳類費洛蒙研究者。他曾針對該主題撰寫一本著作：《費洛蒙與動物行為》（*Pheromones and Animal Behavior*，Cambridge University Press出版，2014年）。

當時我向懷耶特博士請教豬烯酮（真正來自豬的費洛蒙）和雄二烯酮（androstadienone），後者是另一種廣泛運用在引誘劑中的「費洛蒙」，他是這麼說的：

「如果你在網路上搜尋人類費洛蒙，立刻就會出現這兩種分子，可是皆沒有提供充分證據顯示那些分子就是費洛蒙。空氣中幾乎就有雄二烯酮，而且，雖然它們曾在科學文獻中被提及，回溯那些所謂的研究時，卻找不出任何證據。」

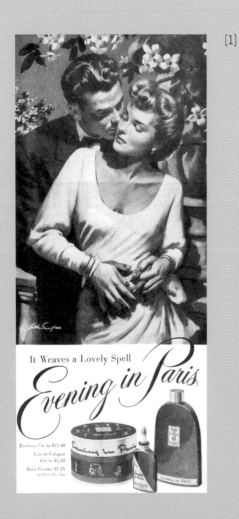

[1]

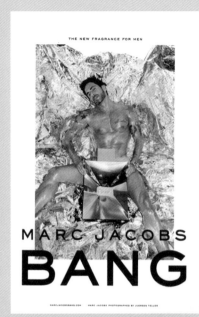

[2]

[3]

[1] 1928年發行。「暮色花都」
（Evening in Paris）由恩尼
斯特・博（Ernest Beaux）
為品牌Bourjois（妙巴黎）打
造，試圖展現浪漫散步時的
巴黎街道氣味。

[2][3] 暗示的力量——香水與性衝
動之間並沒有實證關聯，不
過廣告業要吸引消費者時簡
直火力全開。

事實上，懷耶特博士指出，不僅從未發現人類的性費洛蒙，無論是性或是威脅信號，根本就沒有發現過人類費洛蒙。不過法國第戎（Dijon）布根地大學（University of Burgundy）團隊的研究卻鼓舞了他。這些研究人員正在觀察泌乳中女性乳暈周圍腺體所產生的信號。這些可能是費洛蒙的物質，無論乳暈是否屬於嬰兒的母親，似乎都會使嬰兒想要吸吮，進而增加吸住乳頭的機率。

嬰兒吸住非生母乳頭的行為，表現出生物測定（測試行為），向我們展現了首度可辨識的費洛蒙，賦予研究人員信心，進一步探詢人類的性費洛蒙。

雖然我們尚未能夠將氣味荷爾蒙和性在科學上做連結，不過香水透過性暗示，使氣味和性的關聯變得密不可分。香水被當成誘惑劑行銷，是在踏進戰場之前必須披上的戰袍。香水以超越言語的交流方式，與我們的潛在配偶交戰。香水可以是清潔優雅、深具美感品味的信號，對於擇偶有很大幫助。

香水的暗示大多來自於廣告業。那麼，在廣告對我們下暗示以前，香水是否已經代表性感？湯姆・海契特（Tom Reichert）在2003年的著作《廣告情色史》（*The Erotic History of Advertising*）中，引用曾任Calvin Klein美妝線廣告副總經理羅伯特・格林（Robert Green）於1991年對《紐約時報》（*New York Times*）說的一段話：「香水沒有任何能力，既不能讓雨停，也不能疏通排水管。香水的功能就是為消費者創造憧憬。許多人夢寐以求的是性和浪漫。」

目前並無直接證明，氣味可以提升慾望，但是或許有一天我們會破解密碼，找到費洛蒙，說明人類最獸性的慾望如何與鼻子緊密相連。

論文

我們聞起來是什麼味道？

透過嗅覺的鏡頭觀看，人類是很有意思的物種。由於以體毛換取汗腺，我們比其他動物更會流汗，能夠產生與散逸更多熱能。熱能會提升氣味的蒸散速率，因此人類善於調節溫度的高溫身體，會產生更多氣味，成為強大的氣味機器。

我們不需要達到最大熱容就能蒸散分子，每一個處於室溫的人類就像一座充滿氣味多樣性的熱帶雨林。圍繞我們的香氣成分雲霧無疑是人的氣味，由於極為獨特，甚至可供警犬用於尋找失蹤人口。

人的氣味，是由對身體新陳代謝下指令的基因密碼，以及我們供給身體後所分解的燃料共同構成。消化食物的副產品，以及我們產生的荷爾蒙，以汗水為載體，在人體最大的器官，也就是皮膚上積累濃縮。來自周遭環境的微生物再進一步代謝殘餘物，開拓適合各自生活的環境。我們的身上住著超過一千種微生物，仰賴我們的分泌物維生，進而將皮膚上的殘餘物變成氣味訊息。

居住在皮膚表面的微生物，就是成人氣味的驅使者。少了微生物，我們聞起來會像幼兒，也就是微生物進駐皮膚之前的氣味。當人類進入青春期，微生物會大吃我們旺盛荷爾蒙的殘留物。隨著年齡增長，體味會再度變得溫和。留存下來的老年氣味不是別的，正是「壬烯醛」（nonetal），「老人味」分子。

無論生物膜是年輕還是成熟，每個人的氣味特色，皆取決於身體的新陳代謝指令。人人都有不同的指令組，因此最終產生的氣味特徵，就和基因組一樣特殊。

絕大部分人類所散發的氣味核心，是來自棒狀桿菌（Corybenacterium），這種會消化睪固酮衍生物的細菌主要出現在腋下。男性產生的睪固酮量高於女性，因此通常氣味較強烈。東亞人擁有製造這種荷爾蒙的無功能性單一基因，會產生較少副產品，承載的細菌少，體味也越淡。

使用體香劑，要不是使皮膚環境變得不適合細菌生長以掩蓋體味，就是堵住汗腺，從源頭消除供養細菌的複合物。然而，我們不可能消除全身的體味，因為常菌叢是第一線也是最重要的免疫系統，對人類的存活至關重要。

以上這些，只是關於人類氣味最普遍的觀點；事實上，環繞四周的氣息，左右了最終的嗅覺感知。有可能重整這股氣味嗎？我們可以混合信號，並改變自我識別的標誌性氣味嗎？

我們確實握有選擇，但是選項有限。雖然無法改變基因，不過在不久的將來，我們將可以進行相當有趣的實驗。微生物移植也還需要一些時間，因為我們對於這類生物所知甚少。香氛產品等人造強化物，則永遠只能伴隨我們的氣味識別，無法取而代之。

若要改變自身獨一無二、最深層的生物信號，就一定要改變生活方式，像是在什麼時間吃什麼食物、如何處理壓力，甚至睡眠時間的長短。些微變化就能改變新陳代謝，調整荷爾蒙的產生，使原生菌叢的生長環境有所不同。如果有足夠自律，嚴苛的反覆實驗計畫，就可以創造出絕佳的香氣特徵呢！

體香劑的機制

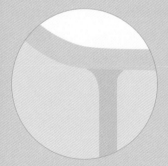   

①汗水在皮膚中輸送。　②皮膚塗上體香劑。　③汗水抓住體香劑，將之帶入汗腺。　④體香劑在汗腺中形成塞子，減少出汗。

論文

恐懼的氣味

白尾鹿的嗅覺能力非比尋常，粗估這種動物擁有兩億九千萬個氣味受器，狗有兩億兩千萬個，人類僅有五百萬個受器。鹿聞到掠食者時，會立刻高度警覺，停止進食，進入警戒的狀態，翹起尾巴飛奔，被認為是企圖令獵食者分心的方法。

長久以來，人類一度被認為比其他動物同類更高等，沒有無法控制的直覺，能夠嫻熟掌握自身的行為。然而研究顯示，偵測不到的氣味，會引發人類在毫無自覺的情況下做出反應。

舉例來說，2015年一項由聯合利華（Unilever）出資，烏特勒支大學（Utrecht University）在雅思培·德格魯特（Jasper de Groot）領導下完成的研究，發現人類可以偵測出汗水是由正向或是焦慮情緒的人產生的。

一如白尾鹿，人類也會對危險做出反應。胺基酸在人體內分解時，會形成四種與腐敗有關的主要分子，每一種都有各自的名稱，分別是吲哚（indole）、屍胺（cadaverine）、腐胺（putrescine）、糞臭素（skatole）。從人體到植物，任何有機物質都少不了這些化學分子，例如口臭就是單純的分解氣味。

我與努芮·麥克布萊德（Nuri McBride）對談，她是學者也是作者，經營部落格「死亡／香氣」（Death/Scent），探討人類文化中關於死亡和氣味的連結，她解釋：「人類的鼻子中有特別用來接收腐胺和屍胺的受器，所以我們生來就會辨識這些氣味。腐胺的作用是否就像警報器呢？」

麥克布萊德告訴我，2015年於英國肯特大學（University of Kent）由維斯曼博士（Dr. Arnaud Wisman）領軍在心理學院所做的研究。維斯曼博士的研究之一的內容，是讓參與者待在一個房間，再輸進腐胺，但僅止於聞不出來的程度。接著請受試者按下按鈕，表達他們對團體成員的感受。相較於控制組，身處在含有腐胺房間的受試者表現出較多攻擊性和敵意。另一項研究中，受試者則可以選擇離開房間，其中許多人

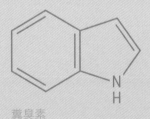

腐胺
氣味像腐屍、垃圾

屍胺
氣味像發臭的食物，如腐爛的肉

吲哚
氣味刺鼻，有霉味和尿味

糞臭素
聞起來像強烈的排泄物氣味

做出此選擇。

　　這些研究的結論，即腐胺是非意識的誘因，會觸動威脅管理機制。換句話說，若聞到周遭有分解的氣味，可能代表附近就有死亡，而人類為了生存，身體就會進入威脅等級的警戒模式，而且我們還會啟動戰鬥或逃跑（fight-or-flight）的模式。

　　這個推論在2015年，由美國南卡羅萊納醫學大學（Medical University of South Carolina）研究人員進行的另一項研究中發揮作用，探討創傷後壓力症候群的病理生理學中，氣味所扮演的重要角色。研究發現，在52名退役戰鬥軍人中，與創傷有關的氣味在他們的痛苦中占首要角色，不過該研究也發現，任何東西的氣味（食物、花香、來自周遭環境的氣味）都有可能是觸發物，不單單只是燒焦、燃料或鮮血等與戰鬥連結的事物。

　　此外，一如所有事物，氣味的力量也受資本主義加以利用。或許諸位都知道Abercrombie & Fitch流溢到購物中心走道的誘人香氣。2015年，布朗大學（University of Brown）的瑞秋・荷茨（Rachel Herz）進行一項由日本花王企業支持的研究，聚焦在氣味記憶如何影響人們的購物習慣。這份名為〈普魯斯特式的產品更受喜愛：氣味引發的記憶與產品評價之關係〉（*Proustian Products are Preferred : The Relationship Between Odor-Evoked Memory and Product Evaluation*）的研究發現，我們90%的購物習慣是潛意識的，因此氣味在行銷中可以發揮重大作用。

　　另一項由華盛頓州立大學商學院（Washington State University's College of Business）的斯潘根伯格（Eric Spangenberg）進行的研究發現，聞起來像鮮花的Nike店面、氣味迷人的賭場、在女性取向的店中使用香草，都是成功的氣味行銷範例。

　　人類自以為能夠控制自身行為，然而在所有的感官之中，無論我們是否能控制，氣味都是最可能左右行為的因素。

神祕的氣味

氣味利用嗅覺潛入我們最深層恐懼和慾望的程度，遠超過其他感官，觸動潛意識記憶，挑動情緒。那麼，我們最深層的恐懼和慾望的氣味究竟是什麼？從金錢、全球暖化、夜店到性愛，結果在深夜驚醒我們，或是令我們徹夜難眠的某些恐懼、慾望與衝動，竟擁有極為獨特（但並非總是宜人）的氣味。

名人的氣味

好萊塢的神聖殿堂聞起來是什麼味道？千萬別相信名人香氛的宣傳：許多男性古龍水的廣告模特兒，事實上都以驚人的體味臭名昭彰。

「表演風格強烈的演員，如馬修‧麥康納（Matthew McConaughey）、威廉‧達佛（Willem Dafoe）、羅伯‧派汀森（Robert Pattinson），其實比演技更勝一籌的是……體味。」曾寫過名人體味的《The Face》雜誌美國版編輯泰勒（Trey Taylor）如此說道。他引用一段《GQ》雜誌描述派汀森的衣物：「聞起來就像剛向窮困的人買來似的。」演員本人也表示自己的體味難聞到「連我都沒辦法忍受自己周遭的空氣。」

馬修‧麥康納毫不掩飾地表示已經二十年沒使用體香劑了，演出對手戲的女星凱特‧哈德森（kate Hudson）在拍攝《傻愛成金》（Fool's Gold）時帶了體香劑到片場，要求麥康納使用，他卻拒絕。泰勒說：「他的理由很詭異。他說，媽媽告訴他，他的天然體味比任何氣味的體香劑都好聞。最後，只有能夠忍受他的體味的人才會留下來。」

強尼‧戴普（Johnny Depp）、卡麥蓉‧狄亞（Cameron Diaz）、艾德‧葛納（Adrian Grenier）、布萊德利‧庫柏（Bradley Cooper）也都欣然接受無體香劑的生活方式。「試圖捕捉某些演員的壞男人形象的奢華香氛品牌，都有種奇怪的矛盾感。」泰勒說的是如強尼‧戴普這樣曾代言香氛的演員。「他們以不洗澡的觀念為壞男人形象增添魅力，營造出他們粗獷

自然、勇於冒險的印象。」泰勒大笑著說：「不過這真是太諷刺了，因為這些演員才不會用這些品牌極力販售的香氛。」

監獄的氣味

自由的氣味對每個人而言不盡相同，不過如果你想知道監禁的氣味是什麼，不妨試試監獄。據巴西一間以擁擠和暴力而惡名遠播的監獄中服刑的受刑人所說，那裡的空氣混濁不堪，夾雜著汗水、尿液、黴菌的刺鼻氣味。美國的監獄似乎也相去不遠：由於打擊毒品與越來越嚴苛的判決，受刑人的數目也不斷增加，過去的單人囚房，現在必須容納兩個人。

受刑人常常擠著睡在緊鄰共用馬桶的床墊上，瀰漫尿液和汗水的氣味。對死刑犯而言，電椅會產生被稱為「死亡氣味」的味道，增加了令人聞風喪膽的氛圍。世界各地的許多監獄飄散著大麻的氣味，相較於酒精、古柯鹼和其他毒品，獄卒對大麻的使用睜隻眼閉隻眼。丹麥奧胡斯大學（Aarhus University）的酒精和藥物研究中心指出，吸食大麻有助於囚犯守規矩，防止爆發暴力衝突，許多囚犯利用大麻進行自我藥療。

相反地，挪威戒備最森嚴的監獄之一，哈爾登監獄（Halden Fengsel），簡直是會員制俱樂部，還有慢跑步道和錄音室，能夠嗅到一絲柳橙雪酪、方格鬆餅，以及從廚房飄來精心烹製的菜餚的香氣，受刑人們每餐都會為彼此準備多道菜餚。到頭來，或許在某些地方，自由和監禁的氣味差異不大呢！

夜店的氣味

　　我們上夜店的理由百百種，不過通常不是為了夜店的氣味。「Club」是一款香水，由人稱「物理治療」（Physical Therapy）的美國製作人兼DJ丹尼爾·費雪（Daniel Fisher）所打造，氣味令人想起汗水、灰塵、菸灰、尿液、啤酒、調酒和精液，香氣主調透露了何以這款香氛組合至今尚未大受歡迎。

　　「這款香水的氣味強烈到令人不知無措。」費雪承認：「我有幾瓶這款香水，用多層保鮮膜緊緊封住，放在衣櫃裡，但是偶爾還是能隱約聞到。」他和住在柏林的平面設計師路德維希（Florian Ludwig）聯手打造這款特製香水，2016年在柏林人民劇院（Volksbühne）舉辦藝術活動時發行。

　　「夜店的氣味通常鋪天蓋地：香菸、不新鮮的啤酒、汗水、廁所等，聞起來都很噁心。」這對雙人組與香氛公司Demeter合作，實驗了數十種配方，不過其中一項成分卻讓兩人費煞苦心。「最難找到的是聞起來像陳年菸味的東西。最後我們用了樺木焦油。」費雪是世界各地的夜店主角，也是柏林著名電子樂夜店「Berghain」的常客，絕對是夜店龐雜氣味的夠格高手，而且談及他最喜歡的夜店氣味時，他不假思索回答：「情慾芳香劑（poppers）！」

金錢的氣味

　　「金錢，會從所有使用它的人身上帶走一些東西。」調香師馬克·馮·恩德（Marc vom Ende）從美金中蒸餾氣味後說道。在一篇與《華爾街日報》（Wallstreet Journal）的訪談中，解釋了分析鈔票精髓的手法，也就是將新鈔和舊鈔與木炭一起放入密封罐以吸取氣味。錢的氣味不僅來自成分包括亞麻、棉、墨水的鈔票本身，也會沾染接觸過的所有事物的氣味，無論是皮夾、汗水、古柯鹼，還是收銀機的金屬。鈔票使用的時間越久，「香氣」也會變得越濃郁。藝術家麥可·布謝（Mike Bouchet）委託馮·恩德蒸餾金錢的氣味，將用於創作〈溫柔〉（Tender），這件作品是在紐約某間空無一物的藝廊中注入鈔票的氣味，做為分子「雕塑」。雖然硬幣並不是這件作品中的一部分，不過也擁有獨特的金屬氣息，來自帶有蕈菇和金屬氣味的化合物「1－鋅－3－酮」（1-octen-3-one），也就是令人聯想到零錢的氣味。派翠克·麥卡錫（Patrick McCarthy）擔任微軟銷售副總裁時，在讀到金錢的氣味能夠促進生產力之後，決定藉此賺一筆，在2011年推出男香與女香。兩款單價35美元的香水中各含有切碎的500元美金鈔票，而且或許是為了努力推銷這款香水，麥卡錫做出明智的銷售對策：以森林樹木、草本與柑橘調襯托鈔票的氣味，而非選擇皮夾或收銀機的氣味。

網路的氣味

　　網路絕少被認為是一個固定地點，不過其仰賴遍布世界各地為數眾多的巨型數據中心，全都擁有相似的氣味。無論是位在拉斯維加斯供應五千萬美國人使用的Switch SuperNAP，抑或是提供全歐洲網路服務、座落在挪威某個小鎮的Kolos數據中心（Kolos Data Center），這些世界上規模最大的數據中心都是不可或缺的設備，讓全球估計四十億人口得以連線。那麼網路聞起來是什麼氣味呢？根據作者與記者安德魯・布魯（Andrew Blum）所見，「混合工業級空調，以及電容器排放的臭氧的氣味，奇特但是非常好認」。在他的著作《管線：網路中心之旅》（*Tubes : A Journey to the Center of the Internet*）中，他走入全球各地網路世界的實體總部。全世界最大的網際網路交換中心是以一系列伺服器和金屬管線構成，網際網路透過這些設備彼此連結。布魯說，他去過的每一座中心都有相同的氣味：結合燒焦吐司、新車的燒焦塑膠，以及加氯消毒的潔淨臭氧氣味，奇特又具有辨識度。雖然我們之中絕大多數的人都無法親臨其中體驗這股工業氣味，不過，至少讓我們對線上世界賴以存在所需要的大量資源和能源有點頭緒了。

性愛的氣味

　　香氛產業最獨特的矛盾之處，就是斥資天價打造保證帶來魚水之歡的香氣，而非捕捉性愛本身的精髓。「某人聞起來的氣味在性魅力中扮演重要角色，我對這個論點深信不疑。我超愛我男友的汗水味，在性愛中尤其如此。」作家與電視節目主持人卡莉・薛爾堤諾（Karley Sciortino）說道，她為《Vogue》雜誌的性愛與感情建議專欄「Breathless」執筆，並主持Viceland頻道的紀錄片節目「Slutever」。

　　「但我可不是翻遍洗衣籃，猛吸男友髒T恤的腋下部位。」她補上一句。女性的嗅覺優於男性，因此氣味在吸引力方面扮演關鍵角色：因為女性不僅需要靠得夠近才能嗅聞氣味以選擇伴侶，氣味在性衝動的過程中也相當重要；男性則更偏視覺導向，從較遠的距離就能選擇伴侶。排卵中的女性由於自身的氣味，對男性更有吸引力，人類也會迷戀氣味相異於自己的人，才能創造出免疫系統更健康的寶寶。

　　雖然這些氣味在性愛中扮演重要的角色，我們卻不太關心他人體味引起的原始慾望，而且香氛產業還小看了體味，反而販售我們性愛的希望。「扮演讓某人汗流浹背的角色，真的超火辣的！」薛爾堤諾聊到她最喜歡的與性愛有關的氣味時說道：「他們的身體染上了你的體味，這可要費一番工夫呢！」

氣候危機的氣味

氣候危機聞起來是什麼氣味呢？根據哥本哈根大學（University of Copenhagen）的生物學家瑪努斯·克拉姆賀耶（Magnus Kramshøj）和芮卡·利南（Riikka Rinnan）的說法，像是「壞掉的雞蛋混合雨後新鮮泥土的恐怖味道」。2018年，他們在永凍土中鑽了深深的孔，研究北極融化時釋放的氣體。

強烈襲來的氣味是他們的第一道線索，得知造成全球暖化的不只是無味的二氧化碳和甲烷，更像是百萬年來濃度不斷增加的無數氣體的大雜燴。出乎意料的是，這些氣體一半以上竟然是乙醇，表示如果我們繼續維持目前的暖化速度，40~80%的永凍土將會融化，並且釋放出相當於洛杉磯（全世界車輛密度最高的城市）市區兩萬一千五百年的交通氣體排放量。

植物大量增加則是氣候危機的另一個副產品。《華盛頓郵報》（Washington Post）的記者馬修·卡普奇（Matthew Cappucci）說：「大氣中的碳含量極高，原本寸草不生的地區也都變得無比翠綠。」

茂盛的植物釋放揮發性有機化合物，讓空氣帶有一絲泥土和麝香氣息。2010年由芬蘭科學家霍洛拜南（Jarmo Holopainen）在《植物科學趨勢》期刊（Trends in Plant Science）中發表的研究表示，二氧化碳和陽光增加會妨礙植物之間的溝通、防禦與繁殖，使授粉動物和掠食者無所適從。隨著世界氣溫上升，氣味也帶來重要線索，指出自然規律中發生的變化，促使我們採取行動。

暴力的氣味

有暴力的地方，恐懼通常也在不遠處，而且兩者都有獨特的氣味。美國公眾評論員與外交政策分析學者安－瑪麗·斯勞特（Anne-Marie Slaughter）在《設計與暴力》（Design and Violence）一書中，娓娓道來從兩名鐵籠格鬥選手的T恤上擰出的汗水的氣味，由設計師托拉絲（Sissel Tolaas）與攝影師奈特（Nick Knight）將汗水蒸餾成香氛。這本書以紐約現代美術館（MoMA）雄心勃勃的策展實驗為基礎撰寫而成。

她如此描寫汗水的氣味：「它勾起雄性麝牛或麋鹿的戰鬥景象：彼此鎖死的犄角、猛力踩踏的四蹄，粗暴地硬碰硬。這就是性的暴力。」人類的汗水也會傳達恐懼的氣味，那是強烈沖鼻的氣息。《新科學人》（New Scientist）期刊簡略描述由美國國防部出資的研究部分內容，提到志願受試者聞到經驗過恐懼者的汗水時，大腦中與恐懼有關的區域（杏仁核與海馬迴）會亮起。

不只研究者斷言恐懼確實會蔓延，更點出問題所在：隔離恐懼費洛蒙是否為打造散播恐懼本身的武器的第一步，這也暗示恐懼和暴力的氣味或許在未來會更加緊密連結，超乎我們現在的想像。

香調家族1
西普調Chypre

「西普調」是香檸檬、橡木苔（oakmoss）、勞丹脂（labdanum）和廣藿香的經典組合，可以偏花香、果香，也可以偏木質調，不過，其中沒有任何一項成分會呈壓倒性表現；調香時經常會在前調另外加入大量柑橘調。西普調得名自法文的賽普勒斯島，許多西普調的原料皆生長在該地。西普調也與愛之女神阿芙蘿戴蒂的傳說有關，據說賽普勒斯是女神的誕生之地，她在苔蘚上入眠，而苔蘚正是這款香調組合的本命氣味。雖然西普調大多時候會令人想到法蘭索瓦·科蒂（François Coty）於1917年推出、但可惜今日已停產的同名香水「Chypre」，「西普調」一名其實來自十八世紀調香手冊中提及的一款混合香調，有些歷史學家則認為，這款香氣配方甚至可溯及古羅馬時代。

科蒂的西普調揉入了茉莉、玫瑰、橙花、康乃馨、紫丁香，加上帶有柔軟麂皮氣味的鳶尾草（orris，香根鳶尾），基調是帶有大地和皮革氣息的橡木苔。隨著香蘭素（vanillin）起伏蕩漾，並以一絲帶有汗水的麝貓香（civet）氣息定調，彼時協調的圓融高雅香水世界注入時尚感，很難從其中擷取辨認出單獨一種香氣。不過，在橡木苔和香檸檬兩大基石之外，西普調的香氣也可包括玫瑰、茉莉、依蘭依蘭、勞丹脂、檀香、廣藿香、岩蘭草（vetiver）、香莢蘭（vanilla）、麝香（musk）、麝貓香。西普調的香水予人的印象是皺成一團的床單，情人之間交纏的肢體，最後是帶著菸味的激情喘息，總之這款香調能以謎樣的姿態、彷彿穿著性感高雅的內衣誘惑人心。

西普調代表性香水：
Guerlain（嬌蘭）的 *Mitsouko by Guerlain*（蝴蝶夫人）

絨毛細軟的桃子表皮，加上帶有肉桂與奶香的香草，一同沉浸在茉莉和五月玫瑰（Rosa centifolia）的香氣中。謎樣的乾燥氣味，有如一只放在潮溼苔蘚地上的香料櫃，木質乾燥氣息中，隱約浮現一縷煙燻岩蘭草，宛如一場情緒跌宕起伏的華麗歌劇。

季節的氣味

強烈的都市空氣在夏季的高溫中逐漸豐熟，盛開的忍冬（honeysuckle）飄散濃厚甜蜜的香氣。帶著涼意的秋天微風送來腐葉的氣息；冬日的城市廢氣是一絲嗆鼻的冷冽空氣。每一個季節特有的氣味，是我們偶然遇上的氣味中最具感染力的，原因很簡單，因為我們的嗅覺擁有觸發回憶的潛力，遠超過所有其他的感官。我們對季節的早年經驗，會形往後一輩子的參考基準點，每經過一個年度的季節循環，都瀰漫著嗅覺記憶。然而並非全世界的都度過相同的季節。熱帶和亞熱帶地區只有兩種季節，亦即漫長的雨季和短暫的乾季，擁有六個季節的印度曆法包含了夏季季風（monsoon）和前冬季（pre-winter），全球無數的本土文化從破冰到北極熊冬眠等各式各樣事件，最多可定義出八個季節。

慕夏（Alfons Mucha）創作許多版本的《四季》系列，分別以女性表現擬人化的四季，捕捉各個季節的氛圍：清純的春季、撩人的夏季、豐饒的秋季，以及冷若冰霜的冬季。此版本的初版印製於1897年左右。

世界各地溫帶氣候的四季大相逕庭，不過某些事物是可以預期的。無論你身處雅典還是溫尼伯，隨著樹葉飄落，白天都會逐漸縮短，一連串的新氣味預示了即將邁入下一個季節。

「秋天帶有種憂鬱的感覺。」《華盛頓郵報》的記者與氣象專家馬修・卡普奇說：「彷彿一個段落告終，準備翻開新的一頁。」他解釋，這股感覺是與一陣可以立刻認出的氣味連結，也就是樹葉逐漸枯萎的氣味。世界各大洲都有一種名為白地黴（*Geotrichum candidum*）的真菌，能夠幫助植物分解，形成這股獨特氣味背後的化學反應，令我們聯想到秋天。成堆的落葉開始腐爛，清冷的溫度帶著我們進入陰沉冬日。

[1]

[2]

[1]　令人多愁善感的秋天氣味，來自葉片腐爛時
　　釋放的氣體。
[2]　寒冷的冬季溫度會抑制我們的嗅覺能力，不
　　過，鼻子較人類靈敏的動物還是能找到許多
　　可嗅聞的氣味。

冬天缺少氣味，因此並沒有專屬的特殊氣息。不僅是因為鼻子受寒而功能下降，大氣在冬季傳遞氣味的能力也較差。比起較冷的氣溫，氣味分子在高溫潮溼的環境下可移動得更遠，人類的嗅覺受器在低溫時也比較不靈敏。

然而，寒冷時，汙染的氣味卻會比較強烈。那是因為較暖的空氣經過冰冷的地面時會形成逆溫，困住汙染物質，使其更貼近地面。「如果空氣停滯不流通，就能聞到煙味和汽車廢氣等汙染物質。」卡普奇補充：「這些物質還會堆積在大氣中，醞釀出一種苦味，在中國幾乎可以嘗到這股味道，帶有金屬味。」

冬天，我們還可以嗅到雪的纖細氣味。不僅可以感受到溼度，呼吸冰涼飄雪的空氣也能觸動三叉神經。三叉神經不是嗅覺系統的一部分，但能夠在我們的大腦中記錄白雪的凜冽清冷的氣息，彷彿雪擁有真正的氣味。

矛盾的是，與冬季節慶連結的溫暖辛辣香氣，卻是熱帶氣候的夏季氣味，小眾香水品牌Euphorium Brooklyn（布魯克林誘惑）的調香師史戴芬·德爾克斯（Stephen Dirkes）如是說，他創造的香水層次豐富，揉合了季節性的敘事：「彼時的荷蘭東印度公司將稻米、薑和丁香從印尼帶到歐洲，正是現在的荷蘭香料餅乾與德國薑餅中使用的辛香料。後來這些香醇誘人的熱帶夏日氣味，變成聖誕節的香氣，成為歐洲人心目中的冬季特色。」

經過漫長的冬季，隨著日照時數逐漸變長，新生植物與潮溼泥土的清新大地氣息雖然纖細，卻飽含在空氣中。

在美國自然史博物館（American Museum of Natural History）擔任為生物學家與策展人的蘇珊·帕金斯（Susan Perkins）曾在《紐約時報》中解釋春天來臨時的氣味，部分是由於土壤中的鏈黴菌（Streptomyces）甦醒，釋放出土臭素，防禦自己免受細菌侵擾。

春季氣味之所以令人陶醉，另一個因素就是春季降雨。卡普奇說：「下雨時，雨水不得不進入葉片上稱為氣孔的孔隙，逼出空氣，因此我們會聞到植物散發的清爽潔淨氣味。」雨水也能清潔空氣。「降雨的時候，雨

[3]　隨著世界在春季復甦，我們的鼻子也充盈新鮮花朵的香氣。

[4]　清冷的氣溫帶來氣味的改變，因為夏季的繁茂植物開始凋萎。

[3]　水會把空氣中的所有汙染物沖洗下來。像印尼和非洲與中美洲部分地區，這類溼度極高的氣候帶的雨滴較大，因為水分在落下的途中蒸散較少，因此散發出更多乾淨氣味。」這股乾淨的氣味，在雨季較長的熱帶和副熱帶氣候地區，夾雜無數動植物物種的凝滯潮溼的氣味。

當氣溫升高，進入夏季時，鄉間的氣味範圍可以從一小片馨香的野花，到濃重的垃圾腐敗臭氣，端看你身在何處。在高溫下，氣味會變得更加強烈，傳播得更遠，熱氣和溼氣則會使氣味久久不散。花粉瀰漫在空中，每週都有新的植物正值花期，飄散不同的花粉。「花粉帶有輕盈宜人的甜美香氣，但是達到遮天蔽日的驚人分量時，會浮現酸味。」卡普奇說。花粉在整個夏季月分中累積。「到了夏末，所有能開花生長的全都盛開過了。」德爾克斯說：「隨著花朵開始結成果實，空中到處都是花粉，彷彿一切都爆炸了，有太多太多不同的香調，反而令人窒息。」

[4]　其中也有無法令人立刻察覺的隱約氣味。彼德·渥雷本（Peter Wohlleben）在《樹木的祕密生命》（Das geheimne Leben des Bäumen）一書中解釋，某些植物和動物會透過氣味，警告同伴危險逼近。他以非洲金合歡（Africa acacia）為例，如果長頸鹿吃了其中一棵樹的葉片，這棵樹就會釋放某種氣味，警告其他鄰近的樹生成化學物質，令靠近的長頸鹿卻步。

「Petrichor」（譯註：久旱後的第一場雨）在希臘文中可以粗略翻譯成「石頭的神聖精髓」，意指長時間乾季後的迷人雨水氣味，暫時緩解了夏季乾旱。細小的雨滴擾亂並強化聚積在地面的分子，石板路、田野、大海，都會散發彷彿雨後沙漠的氣味。「初雨後的沙漠氣味被賦予豐富的詩意。」德爾克斯說。在美國西南部的沙漠，久旱後的初雨摻雜了木焦油灌木（creosote bush）氣息，形成該地區的標誌氣味。「雨水落在木焦油灌木的葉片上，使其釋放分子進入空氣，產生濃郁的煙燻氣味。」他補充道。

[1]　　　熱帶氣候中，夏季高溫賦予天然氣味截然不同的層次，迥異於溫帶地區。德爾克斯以東南亞為例：「在蓊鬱潮溼的黏膩高溫下，綜合咖哩辛香料和丁香混合泥土氣息的岩蘭草，極為濃烈，幾乎惹人厭膩。」他說：「通常香氣比較輕盈飄渺，但是由於空氣中的溼度，氣味顯得有實體存在感，彷彿這些香氣全都往你臉上重擊。」

都市生活特有的夏季氣息，是隨著溫度攀升而越發強烈的氣味，這就是臭氧的氣味。臭氧在大氣高空中自然成形時，作用就像遮陽板，為我們阻隔紫外線。然而工廠與車輛排放的廢氣不斷增加，再加上夏季高溫，致使臭氧僅在地球表面成形，造成嚴重的健康問題。「因為臭氧聞起來非常乾淨，常令人誤以為對身體有益處。」卡普奇說：「人類對臭氧的氣味相當敏感，能嗅出10 ppb的臭氧，相當於在奧林匹克標準泳池中放三小匙的濃度。」

[2]　　　我們之中嗅覺較敏銳者，或許甚至能分辨出夏季雷雨的來源。「對天候瞭若指掌的農人會說，外面聞起來有龍捲風的氣味。」卡普奇解釋道：「意思是，聞起來像是有個氣團正從溫暖的地方移動過來，例如墨西哥灣或美國南方，帶有別處植物的氣味。」

絕大部分的人不太可能嗅聞出數百哩外的植物和動物，然而，如果能熟悉我們周遭的氣味，可以為自然的生命週期帶來嶄新理解，有助於我們培養與環境之間更體貼的關係。

「你現在呼吸到的空氣，可能來自200到300公里之外。」卡普奇補充：「每一個氣團都有自己的故事，帶來它在世界上所經之處的氣味。」

[1]　對歐洲人和美國人而言，薑和丁香的味道就是冬季烘焙的香氣；在熱帶卻是夏季的氣味。

[2]　夏季高溫中，一切事物的氣味都更顯濃烈，無論是海邊微風，還是鄰居家飄來的烤肉香氣。

香調家族2
花香調Floral

　　我們向來貪執於捕捉花朵的香氣，穿戴在自己身上。雖然許多香氛家族都會在成分中運用花香，不過玫瑰的花香才是無比馥郁：五月玫瑰和大馬士革玫瑰（Rosa damascena）。並非所有花朵的香氣都能輕易取得，且難以透過傳統技術萃取出精油，調香師不得不憑藉合成原料和「頂空氣體萃取技術」（headspace technology），後者利用機器捕捉並分析香氣植物周圍的氣味化合物，以重現這些纖細花香的魔幻魅力。

　　花香調香氛可以是純真柔弱的溫和女孩，或是風情萬種地搔首弄姿，也可以是介於兩者之間的無數變化。調香師可能會呈現某種鮮爽花香，一開始聞起來像有如真花，卻逐漸轉變為全然魅惑性感的氣息。也可能是特別突顯花香的某一個面向，有如相機鏡頭拉近焦距，捕捉花瓣上的露珠、運用玫瑰周圍的葉片與尖刺，強調花瓣的絲絨質地。雖然許多香氛家族會在結構中使用花香，但是真正的花香調架構會由以下一種或是多種花香為主角：玫瑰、茉莉、晚香玉（tuberose）、梔子花、橙花、鳶尾花、忍冬、紫丁香。

花香調代表性香水：
Patou（帕杜）的「Joy」（喜悅）

1929年經濟大蕭條開始沒多久，Patou推出「Joy」，號稱「全世界最昂貴的香水」，彷彿身穿以手工繡上無盡花朵的訂製禮服，盛氣凌人地降臨世間，香氣明顯混合了茉莉、玫瑰、晚香玉、帶有奶香的檀香、依蘭依蘭、麝貓香。

Juniper Ridge

深入荒野

在科技取向狂熱的世界中，Juniper Ridge無疑是一趟健行，讓香氛回歸自然原始的形式。利用獨特工法，巧妙打造出荒野小徑的香氣，獲得許多香氛愛好者的青睞，這些支持者都想在香氛產品中尋得些許自然片段，以及隨之而來的心靈平靜。

[1]

[2]

即使處於天然香水產業的明確非主流世界，Juniper Ridge仍堅決採用自己的方式工作。哈爾・努畢金（Hall Newbegin）於1998年創立公司，以充滿荒野風情的香氛為人熟知，產品形式包括香氛、香皂、焚香。「荒野風情」不僅是創意口號，努畢金和他的團隊真正走入自然，從源頭採摘原料，加以蒸餾。

「我喜歡戶外，所以成立了Juniper Ridge。我希望其他人也能體驗我在戶外的經歷。我的一生都在西岸度過，夏季就到背著背包到喀斯喀特山脈（Cascade Mountains）、杰斐遜山（Mt. Jefferson）和胡德山（Mt. Hood）健行，走遍湖泊和山峰。這就是我的精油的主題，努力重現自然界已經存在的美妙氣味。氣味不是關於植物，而是整個地方。我希望你在打開瓶子的時候，能夠聞到加州的中央海岸。」創辦人說。

山脈、海岸線、沙漠就是努畢金的繆思，因此並不是調香實驗室混合香氣配方，身為土生土長的波特蘭人，他和團隊繫緊登山鞋的鞋帶，帶著拖車上的行動「田野實驗室」上路。精油的產量極小，每一瓶都是直接就地製作，在剛採摘原料的山峰上，利用蒸氣和營火蒸餾。或許產量不大，卻讓每一個系列更加特別。

[3]

[1]　　Juniper Ridge田野實驗室團隊，在健行路徑上手工採摘蒸餾原料。

[2][3]　在太平洋西北地區採摘的道格拉斯冷杉（Douglas fir）和托班加峽谷的羽扇豆（blue lupin）。

[1]

該公司以植物為基調的香氛，質樸又友善環境的包裝，並將總營收的10%捐給保育聯盟「The Conservation Alliance」，呼應了建立在對自然環境的真誠熱愛與保護的品牌價值。「無所不在的氣候變遷與土壤、河流和大海的生態健康，向來是Juniper Ridge的首要原則。」努畢金說：「我們希望成為這個產業中的先驅之一，願意盡所能，保護公有與私人的土地。綿薄之力也能積少成多。」

這份用心和明確的觀點，也為品牌帶來一群忠誠的愛好者。「我們的顧客從草創時期就追隨我們，他們很有內涵，也非常親切。事業成長的同時，我們樂見自家單純天然的產品，改變人們的購物方式。這改變了居家和身體產品所代表的觀點。」品牌擁有少數經過篩選的合作零售商，謝絕行銷花招，保持更真誠的商業模式，以避免失去人情味。

過去二十多年來，雖然Juniper Ridge不斷茁壯，有鑒於香氛產業當前（與未來）的景況，以及對有機香氛的需求持續提高，品牌始終如一的初衷顯得尤其重要。「天然香氛可傳達某個地方的寧靜與美麗。從其他事物中都無法獲得。人工的東西往往會更鮮明響亮，但全都是些亂七八糟的有毒物質。對氣味和假的化學香氛過敏的人，卻不會對我們的產品過敏，這點不證自明。」努畢金強調。

[2]

從Hurricane Creek到Topanga Canyon，努畢金為消費者提供機會，逃離日常生活的喧鬧，無論你選擇全身抹滿Cascade Forest沐浴露的溫柔泡沫，還是點燃Douglas Fir營火線香。「我們總是抓著手機和電腦不放。說到有害物，我們就是要丟開這些鬼東西。遠離這一切也是很美好的。放下手機，去散散步或健行吧。我最愛讓人們接近大自然了，這就是我最關切的事。即使你時時刻刻都必須接觸科技產品，至少可以使用Juniper Ridge的產品，將大自然引入你的空間，將會有很大的改變。」

事業成長的同時，我們樂見自
家單純天然的產品，改變人們
的購物方式。這改變了關於居
家和身體產品的對話的意義。

[3]

[1] 百分之百植物成分，不含石化與碳的營火線香。
[2] 使用野外採摘的原料製成的Field Lab少量系列。
[3] 來自海岸、山脈與沙漠的蒸氣蒸餾精油。

實作
與工法

43-79

從大自然到香水瓶

香水的美妙之處，在於香氣成分中，有無窮無盡的潛力能構成嗅覺的拼圖。除了種類繁多的搭配選項，依原料的產地與萃取方式，香氣表現也大不相同。結合調整過的濃度、選用天然或合成原料，以及市場需求，就不難了解何以如此屹立不搖的產業，每年依舊想方設法推出令人興奮的新作。

　　各種原料可分為植物性、人造，或動物性，不過出於人道與成本考量，大部分的動物性原料已被合成原料取代。合成香料也就此自成一格，在調香中扮演可貴的角色，為嗅覺實驗開啟截然不同的嶄新世界。雖然有數以百計的天然原料，在實驗室中生成的合成香氣更是不計其數，接下來，將著重於最普遍的香氛原料來源與加工法，介紹調香師調香盤中的一抹色彩。

原料

醛類 Aldehydes

醛類是合成化成物，特徵是類似檸檬、有肥皂氣息的活潑香氣。由於醛類的揮發特性，常見於成分的前調，不過醛類也有各式各樣的氣味特徵，下列僅是少數例子：C7（草本味）、C9（近似玫瑰）、C12（令人想到紫羅蘭與紫丁香）。

龍涎香 Ambergris

龍涎香是香水界極為重視的財產，其實是抹香鯨的小腸分泌物，能避免鯨魚在消化過程中受到獵物的尖銳部位傷害，例如魷魚嘴。新鮮龍涎香是柔軟的黑色物質，不過一旦排出鯨魚體外，此排泄物就會在大海中漂流至少二十年才會沖刷到岸上，被陽光晒乾後才成為最終型態（灰白色團塊）。形成的物質帶有類似肌膚的鹹味。由於龍涎香非常稀有，價格高昂，絕大部分的香水使用合成的對應物，即降龍涎醚（ambroxide）。

香檸檬 Bergamot

香檸檬（或稱香柑）得名自義大利的城市貝加莫（Bergamo），是生長在義大利卡拉布里亞大區（Calarian region）的香檸檬樹（學名*Citrus bergamia*）的果實。巴西、阿根廷和象牙海岸也有少量種植。生產這款精油的被認為是苦橙與檸檬的混種，由於清爽帶苦味，還有溫潤的辛香料氣息，常用在香水成分的前調。除了用於香水，也是為伯爵茶增添風味的要角，並且在芳香療法與肌膚保養中都以出色的淨化效果而為人熟知。

苦橙 Bitter orange tree

苦橙樹提供多種精油：花朵可生產苦橙花（neroli）和橙花純露（前

者透過蒸氣蒸餾，後者則使用溶劑萃取），果皮含有苦橙精油，葉片可用於製作苦橙葉精油（petitgrain oil，帶有更濃郁的綠色和木質氣息）。苦橙原產於印度、中國和緬甸，不過現在世界各地都能見到其蹤影，產自西班牙和幾內亞的苦橙最受喜愛。苦橙的香氣特色為清新酸爽，苦橙花帶有辛香料氣息，橙花的香氣則較鮮明纖細。

雪松 Cedarwood

雪松常被形容帶有乾燥的辛香料氣息，令人聯想到削鉛筆的味道。常用於香水組成基調的精油，可能來自維吉尼亞紅雪松（Red Virginia cedar）、德州雪松（Texas cedar），以及中國雪松（Chinese cedar）。除了葉片，某些情況下也會將雪松的木材和樹根加入蒸氣蒸餾的工序以製成精油。合成的對應物質為雪松醇（cedrol）。

麝貓香 Civet

麝貓香是非洲或印度麝貓的肛門腺分泌物，純麝貓香油帶有腥臊的惹人厭氣味。不過只要與香水成分精心混合，麝貓香就能為整體架構增添一絲溫暖和動物氣息的姿態。天然麝貓香早已被合成的對應物取代，亦即靈貓酮（civetone）。

梔子花 Gardenia

帶有綠色與甜美香氣的白色花朵，梔子花向來是浪漫的象徵。透過高更的畫作，還有喜愛以鮮花裝飾秀髮的爵士歌手比莉·哈樂黛（Billie Holiday）的推波助瀾下，梔子花也在大眾文化中備受注目。梔子

是常綠灌木，十八世紀時由植物學家亞歷山大·加爾登（Alexander Garden）首度發現，主要生長在越南、臺灣、日本、印度，以及中國南方。

Iso E Super

Iso E Super是商標名稱（化學式為7-acetyl,1,2,3,4,5,6,7,8－octahydro-1,1,6,7,tetramethyl naphthalene），由於肌膚般的特性，又非常近似雪松、龍涎香和廣藿香，成為二十一世紀的香水巨星。1973年，約翰·B·哈爾（John B. Hall）與詹姆斯·M·桑德斯（James M. Sanders）發現了Iso E Super。雖然廣泛應用於麝香、花香到果香調，不過最主要還是出現在木質調的男性香氛中。

茉莉 Jasmine

茉莉是香水中最常使用的花香之一，但可不是所有的茉莉都一樣。如果是產自格拉斯的大花茉莉（學名Jasminum grandiflorum），這種攀

爬蔓生的矮灌木的產物價格最高可達到其他品種的兩倍。原產於南亞和東南亞的小花茉莉（學名Jasminum sambac）是常綠灌木，由於吲哚（帶有動物氣息的天然分離物質）含量較低，香氣不若法國的大花茉莉濃烈。陽光會降低茉莉的精油產量，因此必須在清晨時分手工採摘。一公克的原精需要八千朵茉莉才能製成，帶有細緻甜美的香氣。精油帶有祥和的芳香療法特性，因此經常使用在冥想練習中。茉莉香料可透過合成的二氫茉莉酮酸甲酯（hedione）重現其香氣，清新特性更鮮明。

麝香鹿 Tibetan musk deer

西藏麝香鹿擁有麝香腺，位於生殖器與肚臍之間的囊袋中，分泌氣味強勁的物質，因而得名。人過去會摘取囊袋，將其中的顆粒泡入酒精，取得香氣特性。1979年禁止使用天然麝香，改以合成物質取代，像是麝香酮（muscone），或黃葵籽（ambrette seeds）或歐白芷（garden angelica）等植物性替代品。最初的人造麝香（硝基麝香，

nitro-musk）是科學家亞伯特・鮑爾（Albert Bauer）在1888年研發TNT炸藥時意外發現的。由於氣味特質較濃重，可做為絕佳的定香劑，確保香氛成分的持久度；麝香主要用在基調。

沒藥 Myrrh

沒藥原料主要來自沒藥樹（學名 *Commiphora myrrha*）的油膠樹脂，生長在索馬利亞、衣索比亞與中東。香氣溫暖，有隱約的藥草氣味，「myrrh」源自「murr」，意思是「苦的」。沒藥樹也能生產甜沒藥原料，氣味更香甜。沒藥是透過在樹幹上割出裂口，等待兩週後收集變硬的樹脂滴萃取而成。

鳶尾 Iris

鳶尾花（學名 *Iris pallida* 或 *Iris florentina*）先經過約三年乾燥，然後加工製成粉末，接著透過蒸氣蒸餾製成鳶尾草脂。氣味近似紫羅蘭，帶大地氣息與甜美特質。

法（supercritical CO$_2$ extraction），以及水蒸氣蒸餾法取得。動物氣息、溫暖樹脂氣味，以及木質調性，都是沉香的特色，可為香氣的整體結構帶來一絲深沉與複雜度。

廣藿香 Patchouli

來自廣藿香灌木（學名 *Pogostemon cablin*）的葉片，生長在亞洲、南美與西非，以蒸氣蒸餾法與CO$_2$萃取法獲得。拿破崙一世在埃及旅行時帶走沾染廣藿香香氣的披巾，這項原料因此進入歐洲。廣藿香帶大地氣息、青草與綠色香氣。

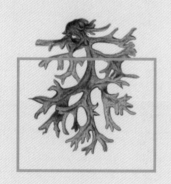

橡木苔 Oakmoss

橡木苔（學名 *Evernia prunastri*），帶有森林氣息與苦味，生長在歐洲的橡苔樹上，能夠透過溶劑萃取或真空蒸餾以獲取原料。橡木苔最常出現在西普調和馥奇調家族香氛的基調中。

烏木 Oud

又稱沉香木（agarwood），是沉香樹（學名 *Aquilaria malaccensis*）的樹皮受真菌感染引發反應而形成，沉香樹遍布亞洲與印度部分地區。從中東地區開始流行，但進入西方後才成為珍貴的香水原料。沉香可透過蒸氣蒸餾法、超臨界CO$_2$萃取

玫瑰 Rose

玫瑰是花中的王者，其花瓣透過蒸氣萃取，成為香水的原料。最受喜愛的種類包括香氣較甜美的五月玫瑰，生長在格拉斯（Grasse），每年五月開花，以及生長在土耳其、保加利亞與摩洛哥的大馬士革玫瑰，香氣偏胡椒調。一如茉莉，在清晨採收的玫瑰香氣最馥郁。將近五公噸的五月玫瑰花瓣，才能製成

450公克精油。此外，玫瑰果也可用於料理、營養品和美妝產品。

檀香 Sandalwood

檀香的香氣特性甜美溫潤，是東方琥珀調結構中備受喜愛的基調原料。最令人夢寐以求的檀香精油之一，來自印度邁索爾（Mysore）的檀香樹（學名*Santalum album*）。樹木需要生長至少三十年，才能達到理想的香氣特質，檀香樹是瀕危種，因此採收受到政府規範。

零陵香豆 Tonka beans

零陵香豆是香豆樹（學名*Dipteryx odorata*）的種子，氣味近似杏仁、乾草，由於香氣特性類似，經常用來取代香草。零陵香豆浸泡蘭姆酒24小時以上，然後取出陰乾，直到豆子表面出現香豆素結晶，製成零陵香豆原精。

晚香玉 Tuberose

晚香玉（學名*Polianthes tuberosa*），常被形容為肉慾的氣味，是香氣最性感華麗的白花，帶有奶油氣息，濃郁飽滿。晚香玉原產於墨西哥，必須生長在熱帶和副熱帶氣候。晚香玉的香氣範圍涵蓋樟腦、肉感，甚至也有金屬氣味。

香草 Vanilla

香草生長在熱帶氣候，種類接近百種，不過只有兩種可做商用：大溪地香草（學名*Vanilla tahitensis*）和墨西哥香草（*Vanilla planifolia*）。大溪地香草是最罕見的香草品種之一，其胡椒醛含量較高，香草醛含量較低，因此果香味更濃。香草果莢採摘下來之後，必須靜置風乾約六個月，才會生成稱為「香草醛」的白色結晶。

萃取方式

脂吸法 Enfleurage

脂吸法是利用精製固體脂肪的特性，吸收原料香氣，冷脂吸法主要用於晚香玉或茉莉，千葉玫瑰（學名*Rosa x centifolia*）和橙花則利用「熱脂吸法」。

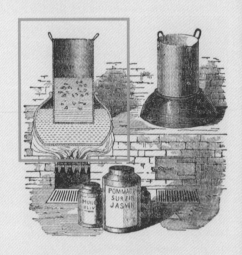

熱脂吸法首先會在大型銅鍋中倒入乳化的豬油，接著放入花瓣加熱，隨後取出瀝乾，得到香脂（pomade），再以酒精清洗製成

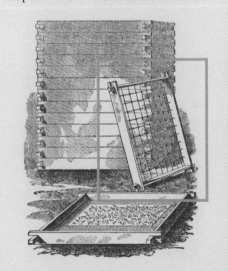

原精（absolute）。冷脂吸法是將脂肪塗滿加裝木框的玻璃板，放上花瓣，視不同花種靜置一到三天。香氣被脂肪吸收殆盡後，便換上新一批花瓣。

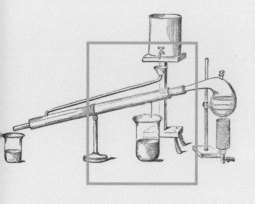

蒸氣蒸餾法 Steam Distillation

若有必要，蒸氣蒸餾法必須先加工欲萃取的原料，像是木材必須刨碎，種子要壓碎。接著將原料放在鋼桶中的網架上，桶裡裝水，加熱。升起的蒸氣會捕捉原料的氣味，接著穿過冷凝器。（從原料中萃取的）油和水，在冷凝器中從蒸氣形式轉變為兩種分離的個體，分別稱為精油和純露。

頂空技術 Headspace Technology

有些萃取技術擁有數百年歷史，不過頂空萃取技術卻到1980年代才由IFF（International Flavors & Fragrances，國際香精香料公司）和奇華頓（Givaudan）的侯曼·凱瑟（Roman Kaiser）等率先開發，用來擷取較難以捕捉的氣味。為萃取目標物放上玻璃罩，罩住

周圍的氣味分子。這些化合物通過矽膠管，接著運用氣相層析質譜儀（gas chromatography-mass spectrophotometer）分析，這項技術結合氣相層析和質譜儀，讀取辨識數百種分子。然後機器會給出構成該目標物氣味的化合物讀數，隨後用於複製其獨特的香氣特性。

壓榨法 Expression

壓榨法僅用來萃取來自柑橘果皮的油脂。果皮使用壓榨機冷壓，產出果皮中蘊含的精油。

溶劑萃取法 Solvent Extraction

苯和己烷是最早的溶劑萃取形式。此工法會將原料放在大槽中的托盤上，然後注入溶劑。溶劑淹過原料，從中萃取出油。取得的油再蒸餾，直到變成質地如蠟的膏狀物。這種物質，來自乾性原料的稱為香料浸膏（resinoid），來自鮮花的則稱凝香體（concrete）。凝香體經過進一步酒精處理以取得所有帶香氣的油，待其凝固成蠟狀後，再小心加熱使酒精蒸發。處理凝香體所得到的最終成品稱為原精（absolute）。

超臨界CO_2萃取法 Supercritical CO_2 Extraction

這種最新技術，是改變二氧化碳氣體使其轉為液態，然後注入欲萃取的原料，在此步驟中收集所有香氣

特性，接著透過溫度和壓力調節，再度變回氣體。由於超臨界CO_2萃取法的溫度不像蒸氣蒸餾法那麼高，也不若溶劑萃取法那般具腐蝕性，因此可應用在纖弱原料，以免傳統的工法損害其香氣特性。

酊劑 Tincture

酊劑是簡單但過程冗長的萃取法，作法是將原料放入基底酒精，持續浸泡直到液體與原料的香氣融合。此方法適合水分含量較少的原料，如香草。

Mandy Aftel

忠於天然

身為純天然手工香氛的開拓者，曼蒂．艾佛帖兒（Mandy Aftel）付出的心血，已經超越打造出色的香水和對藝術操守的奉獻。同時是獲獎作家與美國首間香氛博物館創辦人的她，也希望向大眾引薦香氣的療癒、創意與料理的力量。

[1]

[2]

有些人或許認為大眾對純天然香水的興趣是近來的現象，不過有一名調香師總是超前她的時代。歡迎進入艾佛帖兒的世界！超過三十個年頭，大部分的日子她都待在位於加州柏克萊的工作室中手工製作純淨香水。2009年，富比士將她列為世界七大頂尖訂製調香師之一，《T Magazine》也封她為「全球奉獻心力的純天然調香師」。

對艾佛帖兒而言，唯有品質最純淨者才配得上「精油」這個名稱。「我耗在尋找、購買、比較不同版本物品的時間實在太誇張了。在自然世界中，品質的差異令人難以至想像。打造出色的香水必須建立在原料的純正度上，深度了解原料如何彼此搭配，才能將美妙的嶄新版本帶到世人面前。」艾佛帖兒強調。她最受喜愛的香氛包括「Cèpes ans Tuberose」（含有牛肝菌、晚香玉和檀香氣息）與「Lumière」（帶忍冬、木蘭和綠茶的花香調）。

除了香水，她也撰寫了五本以香氣為主題的書，分別是《風味的藝術》（The Art of Flavor）、《香氛聖經：調香師的祕密配方》（Fragrant）、《香水的感官之旅——鑑賞與深度運用》（Essence and Alchemy）、《香氣》（Aroma）、《氣味與感性》（Scents & Sensibilities）。無論是透過配方、歷史紀實，或是植物的芳香療法應用，她對氣味的探索無窮無盡。除了香水和香膏產品線，艾佛帖兒也打造了一系列臉部與身體專用油，還有以可食植物精華製成的純天然「主廚精華」（Chef's Essences），讓主廚（或調酒師）可以使自己的創作更加出色。她甚至還與Areté Fine Chocolate巧克力品牌合作推出薑味玫瑰巧克力磚。「人們與天然原料的接觸經驗來自園藝和料理，而不是香氛，不過這些都和香水有緊密關係。自從『Angel』（天使）問世，美食調香水的詢問度與日俱增，因為人們想要散發食

[1]　艾佛帖兒珍奇香氣館展覽，解釋麝香的來源。
[2]　艾佛帖兒的酊劑、精華和精油的龐大收藏。

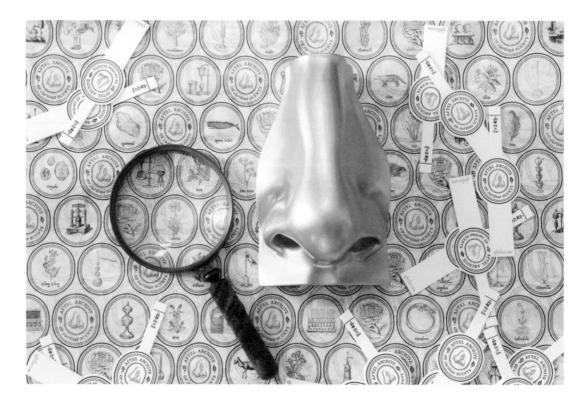

[1]

物與烘焙食品的香氣。如果沒有嗅覺，就沒有味覺。身為人類，嗅覺和味覺的連結絕對是與生俱來的。」

艾佛帖兒珍奇香氣館（Aftel Archive of Curious Scents）是美國第一座專門的香氛博物館，展示超過300種精華，描繪出世界的嗅覺歷史。這裡就是最真誠又令人耳目一新的解藥，對抗大眾市場香水中經常充斥的虛假幻象。「香水產業其實充斥許多謊言，能有說實話的餘裕才是最可貴的。有意思的是，現實總是比幻想更有趣也更美麗。」她強調。

艾佛帖兒觀察到的最普遍的錯誤觀念，就是消費者以為普通香氛產品含有天然原料。「大部分的人會以為香水是天然原料製作的，而我的回應就像在告訴他們，世界上沒有聖誕老人。」這件事激起她透過教課或寫作，持續在事業的教育端努力。「集團香水在品牌壯大後，與原料不再有深切的連結，有點像速食。」

我們的對話自然而然轉向備受爭論的天然原料的致敏性與永續面，最主要是關於禁用橡木苔等某些原料。「任何東西都可能讓你過敏。該問的是，為什麼這些原料被禁用，而不是把原料列出來，尤其是天然原料，然後思考一下誰可能從中獲利。目前的趨勢使得在歐洲販售天然香水幾乎是不可能的事。想要了解這些議題，首先要知道錢是進到誰的口袋。」艾佛帖兒如此說道。

最重要的是，Mandy Aftel的成就來自創辦人全心投入創作香水，香水也受到購買者打從心底的珍視。「任誰都能做一次性銷售。我完全不認為自己的香氛適合所有的人，而我的香水也不必迎合每一個人。我喜歡自己創造的東西在他人的生命中找到一席之地，而那些人的價值觀或美感和我不謀而合，對我而言，那就是世界上至高的榮耀。」

[2]

打造出色的香水必須建立在原料的純正度上，深度了解原料如何彼
此搭配，才能將美妙的嶄新版本帶到世人面前。

[3]

[1]　艾佛帖兒只用天然來源的原料，像是植物、果實、樹脂、辛香料。
[2]　有香膏、高濃度精油、淡香精各種選項的香氛。
[3]　艾佛帖兒從世界各地取得原料，例如義大利的柑橘。

從實驗室到店面

精心蒸餾的原精或令人興奮不已的全新香氣化學物質，只有在高超的手藝將之用來揮灑嗅覺傑作時，才顯得品質出眾。香氣必須在分子化學和創造力之間取得微妙的平衡。雕琢氣味敘事，只不過是一款香氣從調香師的工作站，前往店內展售架之路的跳板。

建構香氣

濃度

包裝與生產

行銷與零售

建構香氣

　　在產地裝瓶後，蒸餾物（例如精油、凝香體、原精）會被運往原料供應商，如IFF、奇華頓、芬美意（Firmenich）、德之馨（Symrise）等公司，都擁有專屬合作的農人與生產者。推出合成香料的成本所費不貲，由於需要大量研究與嚴格測試，合成香料一般皆由供應商自行生產。只有寥寥可數的香氛公司財力雄厚到能擁有自己的原料，或是主張享有某種合成分子的獨家使用權。舉例來說，1987年起，Chanel（香奈兒）便開始使用由格拉斯的繆爾（Mul）家族獨家種植採收的茉莉。

　　許多調香師直接受僱於前述供應商，做為全職調香師，為各式各樣的品牌打造香水。屈指可數的頂級品牌，如Dior（迪奧）和Hermès（愛馬仕），都擁有簽約的自家調香師，分別是法蘭索瓦·德瑪希（François Demachy）與克莉絲汀·納傑爾（Christine Nagel）。至於小眾香水，有些調香師獨立工作，或是更偏向擔任創意總監，與受過訓練的調香師合作，使自己的願景成為馨香的事實。

　　每一款香氛都含有前、中、基調。持香力較短的輕盈香調構成開場（前調），引入香氛的中段面貌（中調），數小時後來到後味（基調）。基調就是在肌膚上停留一整天的氣味，是香氛變化的最終階段。

　　每一款香水的配方各不相同，不過前調通常包含柑橘、草本、辛香料、醛類、清爽的綠色香調；中調一般以花香、果香、草本與辛香料構成；基調則含有木質、香脂、樹脂、動物氣息，以及零陵香豆和香草等較甜美的成分。有時調香師會結合數種不同香調，打造出單一香氣的印象，又稱為「協調」（accord）。不過，原料在香氛架構中的位置，最終仍取決於在整體結構中的持香度與分量（這就是為何較濃重的香調會做為香氣的基礎，因為持香度最佳。）

　　打造、記錄並複製出十倍（或更多）正確配方，仰賴的是對原料的知識、實驗與測試。擁有集團金援的正職調香師，如果必須圓滿達成特定的要求，可能會在創作上受限，不過他們也擁有資金，比起必須靠自己採購原力的獨立調香師，更能夠實驗種類繁多的原料。

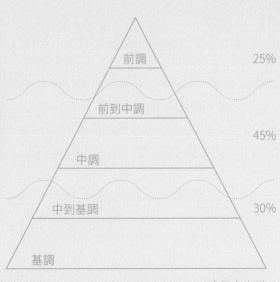

嗅覺金字塔

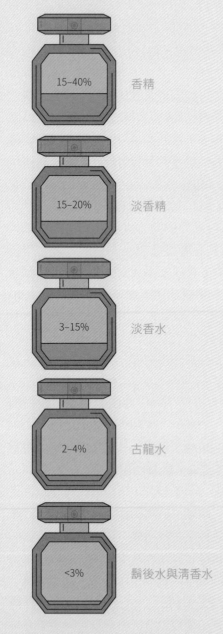

持香度佳的香氛（10小時以上）

15～40%　香精

15～20%　淡香精

3～15%　淡香水

2～4%　古龍水

<3%　鬍後水與清香水

迅速消散的香氛（1小時以內）

香水濃度的不同持香度

濃度

　　香水的持久度與香跡（sillage，穿戴香氛者留下的氣息，又稱擴香性）不只取決於原料的定香劑品質，也與變性酒精的稀釋程度有關。香氛可分為五種不同濃度：純香精（pure parfum）、香精（extrait de parfum）、淡香精（eau de parfum）、淡香水（eau de toilette）、古龍水（eau de cologne）。

　　純香精由於香氣極為強勁，只以迷你瓶裝高價販售；香精含有15～40%的純香精，以酒精基底稀釋；淡香精的濃度為15～20%，淡香水為3～15%，古龍水濃度為2～4%。這些濃度全都適用於噴式香水。香氛油（pefume oil）可以完全不加酒精製作，這也表示香精會更貼合肌膚。香氛噴灑在肌膚上後，不消數分鐘酒精便會蒸發，使香氣更容易在空氣中傳播。這就是為何配方中酒精含量較低的產品感覺較濃重也較持香，不過，每個人皮膚上的化學性質，也在香氣表現與穿著上扮演不可小覷的角色。

包裝與生產

　　在可行的範圍內，調香師或品牌會在訂製或是標準樣式之間做選擇。如果預算允許，訂製包裝能讓新產品更有影響力。只要想想Guerlain最具代表性的四葉花紋瓶身，就能了解包裝的視覺語彙的重要性。萊儷（Lalique）和巴卡拉（Baccarat）水晶瓶就是香水瓶中的高級訂製服，價格層級當然也高出許多，是頂級市場專屬。

　　決定配方與濃度後，會將香水大規模混合，靜置於不鏽鋼容器中最多三個月，使之趨於成熟。經過濾與品質控管後就可裝瓶，加上瓶塞或噴頭，包裝好後，就可以運送了。

[1]

[2]

◇

行銷與零售

攝影時代來臨前，插畫曾是用來向雜誌讀者傳達香水氛圍的媒介。義大利插畫家荷內‧格魯奧（René Gruau）與Dior品牌多年的合作關係就是知名例子。部分作品，如1949年為「Miss Dior」（花漾迪奧）香水繪製的廣告，畫面甚至沒有展示商品，反而是纖細的女性之手安放在獵豹前掌上。另一個例子是1967年的「Diorissimo」廣告，畫面中的女性頭上長出花束，符合這款香水的鈴蘭架構。

隨著攝影和逐漸偏重視覺的文化到來，這些抽象的圖像也越來越不易取得，不過Helmut Lang和Byredo是近來不在形象廣告中展示香水產品照的例子。其他品牌則會在紙本出版品中夾入試香紙廣告頁，給予消費者更直接的香氛感受。隨著人類的視覺與書寫文化轉移到線上，影片模式成為最受喜愛的手法——至少對財力雄厚的品牌而言。Chanel的《No.5 The Film》由巴茲‧魯曼（Baz Luhrmann）執導，據報預算高達4200萬美金，Dior則請來蘇菲亞‧柯波拉（Sophia Coppola）和娜塔莉‧波曼（Nathalie Portman）等人參與製作香水影片。

在超高預算的豪華製作組之外，網路成為較平易近人的廣告媒介。線上商店雖然還不能直接傳播香水的氣味，不過利用所有列出的香調、香氛家族類別，以及盡其所能地詳細形容香氣，都能幫助消費者決定要購買的香水款式。Scentbird之類的網站提供試管樣品、隨身尺寸包裝與訂閱服務，都能對香水進行更加豐富自由的實驗，過去數十年來的個人標誌性香氛，已經被香氛衣櫥的概念取代了。

[1]　多樣化的香水包裝選擇。
[2]　1977年左右的Dior廣告，由長期合作的插畫家荷內‧格魯奧繪製。

「Fleur de Feu」，Guerlain的花香調女性香水，莉茲‧達爾希（Lyse Darcy）繪製，約1949年。

「Tropiques」，Lancôme（蘭蔻）以巴西為發想，於1935年發行的東方花香調香水。

[1]

[2]

就零售而言，仍有主流和小眾市場的分野。兩者之間的分歧與其說是價格主導，一如大眾市場與頂級市場論調所斷言，反而是由銷售決定。主流香水是由科蒂（Coty）或萊雅（L'Oréal）等龐大集團量產，並在知名連鎖店和線上商店販售。這些香水的售價有時低於小眾香水，但並非總是如此。主流香水最希望的就是盡可能創造出令人心醉神迷、橫跨廣大客群的香水。例如Chanel與Paco Rabanne（帕可‧拉巴內）皆被視為主流香水品牌，不過兩者之間的價格落差卻非常明顯，Chanel是高價品牌，Paco Rabanne則屬於大眾市場。

小眾品牌大部分是獨立品牌，產量也較小，因此零售商屈指可數。近年來，這段差距逐漸變小，開始出現第三種次類型：大眾精品（masstige）。顧名思義，此類型是由大眾市場品牌推出的高價產品線，比起小眾公司擁有更廣泛的銷售管道，不過訂定的價格也表示特定消費族群是負擔不起的。為了追求奢華的極致，少數品牌與調香師會為想要擁有專屬香氛的客戶創作半訂製或全訂製香水，儘管要價不菲。

隨著獨一無二的香水需求增加，連百貨公司都開始進貨獨立品牌，以獨家販售讓香氛狂熱者毫無招架之力。

紐約市的Perfumarie和巴黎的Nose是兩間概念商店，將香氛購物體驗提升到全新層次。Perfumarie是敏蒂‧楊（Mindy Yang）的創意結晶，剝去所有包裝、標籤和標價，讓購物者在沒有任何意識或潛意識介入的情況下嗅聞香水。由尼可拉‧克魯堤耶（Nicolas Cloutier）、侯曼諾‧瑞奇（Romano Ricci）與馬克‧布克斯頓（Mark Buxton）等人創辦的Nose，運用人工智慧演算法，建立顧客的「嗅覺診斷」。顧客提供性別、家鄉、年齡，以及三款最喜愛的香水後，就能從店鋪超過五百款香水中，演算出適合的五款香水。

[1]　Le Labo的城市限定系列，只有極少數銷售點。

[2]　隨身尺寸的試管香水，很受現今喜愛嘗試新香水的消費者歡迎。

[3]

[4]

[5]

快閃空間和裝置為沉浸式香氣體驗提供更多機會。位於倫敦的Selfridge百貨在2014年推出香氣實驗室（Fragrance Lab）快閃空間，提供參觀者語音導覽，在多個展間中有各式嗅覺選項與人格測驗，最後在參觀結束時得到個人化的香水。2018年10月，Diptyque為了慶祝五十週年，打造了「按下即聞」的互動式裝置，解構品牌所有香氛中的原料，是兼具教育與促銷的創新手法，以滿足今日好奇心永無止境的香氛消費者。

[3] 巴黎的Nose提供一探香水製作過程的機會。

[4] 由敏蒂·楊成立的Perfumarie，形容自己是「感知體驗空間、零售實驗室、品牌孕育處。」

[5] 在這間位於紐約的店中，購物者可在毫無品牌行銷的情況下盲測（只標上編號的）香水。

Perfumer H

雅緻的香氣

被《Vogue》雜誌封為「重新思考標誌性香水」，香水協會（Perfume Society）認為她對「獨立英國香水品牌聲名大振」功不可沒，琳・哈瑞斯（Lyn Harris）首度帶Perfumer H的顧客進入她的世界，大方呈現從創作開始到結束的過程。現在，她要向我們展示如何在張揚的香氛世界中，重新詮釋細膩精緻的藝術。

[1]

說到獨立香水，琳‧哈瑞斯絕對是技藝最高超者之一。師承已逝調香師莫妮珂‧史琳格（Monique Schlienger，曾任ISIPCA的嗅覺教師，也是Cinquième Sens香水學校創辦人），為法國香水製造公司羅貝特（Robertet）工作後，2000年她與克里斯多夫‧米歇爾（Christophe Michel）共同成立Miller Harris，品牌以原本為珍‧柏金（Jane Birkin）訂製的麝香琥珀調香水「L'Air de Rien」（記憶的香氣）等香氛聞名，從此進入全球市場，零售點延伸至亞洲與俄羅斯。2015年，哈瑞斯離開公司，成立Perfumer H，雖然產量較小，不過完全無損忠實追隨者的愛戴程度。

「我知道自己沒辦法再以傳統方式創辦另一個品牌了。」她如此解釋。從包裝到呈現，無論是色調如珠寶的光滑玻璃瓶，還是像「Angelica」（歐白芷）、「Gold」（黃金）這類樸素的名稱，Perfumer H處處洋溢著現代優雅氛圍。

「Angelica」是帶有一絲奇特變化的馥奇調作品，加入歐白芷籽和羅勒，後者同時具有柑橘與樹脂和辛香料調性，使原本較清爽的柑橘調變得更溫暖有深度，適合較寒冷的季節。

提供顧客姓名縮寫的百分之百可回收個人化紙盒，或是提供品牌的香水與蠟燭的補充填裝服務，這些看似不起眼的小細節，全都以格調十足的方式有助於減少公司碳足跡。「我想要打破所有包裝的成規，真心誠意創造可以使用一輩子的東西，沒有一層又一層買回家就立刻丟進垃圾桶的過多包裝。」哈瑞斯強調。

對於現成系列，品牌每兩年推出五款香水（每個香氛家族各一款）。「我最喜歡隨著季節創作了，表達我對自然與周遭人事物的熱愛。」哈瑞斯解釋：「Perfumer H讓我在許多層面都獲得創作的成就感與滿足，這些都是我希望和顧客分享的。重點就在於真實、誠懇，實在。」

[1]　哈瑞斯製作香水的實驗室。
[2]　顧客可以購買她的季節系列，也可以量身訂做香水。

[1]

無論在Instagram貼文，還是造訪位於倫敦西區馬里波恩（Marylebone）的品牌店面，哈瑞斯都讓她的香水愛好者能窺見通常神祕兮兮、難以看見真面目的調香師的工作世界。「Perfumer H就是關於全然展現香水世界，從調香師、手工製作瓶子的玻璃吹製者、打造這個空間的建築師，以及呈現出我對產品的願景的設計師。」她說。

Perfumer H的零售空間由建築師斯皮克（Maria Speake）設計，同樣展現極簡美學，同時讓購物者一覽無遺哈瑞斯無可挑剔的香氛實驗室。店內會向購物者提供三種進入其嗅覺世界的方式：全訂製香水、預製的實驗室系列（顧客可買下做為個人專屬香水），或是季節性系列香水。「店面就是我的理念與風格的體現，包含實驗室，可以看到所有原料，以及正在研究配方的工作人員，目的就是要用前所未有的獨特方式，讓人們深入了解調香師的工作。我相信這就是現在與未來的零售方向。」哈瑞斯強調：「教育是關鍵，網路對此功不可沒，如今顧客在踏進店面之前就已經具備相關知識了。現在只剩下一件事要教給顧客，就是不要讓香水蓋過你與周遭環境。香水應該是若隱若現的美好氣息，只有與你親近或擦身而過的人才會感受到，得以欣賞香氣。」

[2]

不要讓香水蓋過你與周遭環境。香水應該是若隱若現的美好氣息，
只有與你親近或擦身而過的人才會感受到，得以欣賞香氣。

[3]

[1]　三款Perfumer H的香水，裝在可重新填充、手工吹製的玻璃瓶中。
[2]　品牌亦提供一系列精心建構的香氣，以香氛蠟燭形式販售。
[3]　Perfumer H位於倫敦的店面兼工作室外觀。

異國氣味

幾年前，我在峇里島的蜿蜒小路上騎著摩托車，島上蓊鬱植物的熱帶氣味，猛然被一陣鑽進安全帽面罩的意料外的氣息打斷。嗆鼻的酸臭窮追不捨地衝進我的鼻子，混合了洋蔥末和生肉、腐爛的花朵和臭腳丫。每多吸一口氣，我就會思考一大堆臭氣的可能來源，隨著前進，驚恐也逐漸消散，取而代之的是潮溼柏油和廉價汽油的氣味。

有些人情有獨鍾，有些人避之唯恐不及，榴槤號稱世界上最臭的水果，同時也被視為水果之王。

又過了一段路，我再度受到氣味的衝撞，一股絕對不會錯認但又無法辨識的臭氣撞擊位在大腦嗅球後方的邊緣系統，神經正向視丘發送警報，因為即便嗅球負責處理氣味，卻無法傳遞我聞到的氣味的精確信號。我緊急煞車，決心找出害我嗅覺大混亂背後的真凶，於是我掉頭循著原路騎，直到發現這股惹人厭的氣味來源：一個水果攤。

隨著越接近路邊的攤販，我的鼻翼有如海灘上的金屬探測器劇烈收放，在肥碩的木瓜、多汁的紅毛丹與剛切好的芒果氣味之外，還有另一層截然不同的臭氣。罪犯就在這個包羅萬象的水果攤中，那就是這顆渾身帶刺、錦葵科（Malvaceae）的臭氣炸彈：榴槤。不像其他香氣較討人喜愛的近親，例如可可和洛神花，有如家族變種怪胎的榴槤的氣味之濃烈，不禁令人懷疑造物主是否犯糊塗了。

榴槤主要生長在亞洲，有「水果之王」的美名，但這個暱稱也令人難以理解，因為多座亞洲城市都因為沖鼻強勁的氣味，而禁止榴槤出現在大眾運輸、醫院、圖書館與其他共享空間。儘管明文禁止，許多人仍鍾情榴槤的氣味與滋味，將之比喻為香甜的卡士達，而不是遭感染的傷口。我騎回水果攤，想要親自嚐嚐。因此，在一陣夾雜簡單的英語和比手畫腳（包括很多捏鼻子的動作），我要求試吃一匙長滿絨毛、軟糯滑潤的榴槤籽，

當下我就對此決定感到後悔不已。隨著有如生化武器般的含硫化合物經過我的鼻咽，我不需要吃第二口就能斷言：我討厭榴槤。

為什麼我們會喜歡某些氣味，卻討厭其他氣味呢？根據布朗大學的心理學家瑞秋‧荷茨所主導的一項研究，這一切都與我們的氣味經驗以及氣味涉及的文化有關。她主張我們出生時的嗅覺有如一張白紙，在一生中不斷建立版圖，不同事件會與特定氣味形成連結。例如，如果有人在松樹林裡遭到熊的撕咬攻擊，很可能會變得討厭松柏科植物的蒎烯（pinene）、檸檬烯（limonene）、萜烯（terpenes，碳氫原子構成的分子），程度嚴重到他們最後會痛恨聖誕節，只因為感到自己被松柏氣味團團包圍。

這份研究強調，此論點僅適用於不含任何刺激物質的氣味。榴槤的情況或許可以解釋我立刻產生的厭惡感，即使我是第一次接觸這種臭烘烘的水果。德國食物化學研究中心（German Research Center for Food Chemistry）在榴槤中發現44種氣味活性化合物，包括3-甲基-丁烯-1-硫醇（臭鼬氣味）、乙基-1,1-二硫醇（硫磺味／榴槤）、1-甲硫基乙硫醇（烤洋蔥）、硫化氫（腐爛／雞蛋）、甲硫醇（腐爛／包心菜）、乙硫醇（腐爛／洋蔥），丙硫醇（腐爛／榴槤）。我盡可能禮貌地吐出口中的榴槤，以免讓親切的水果攤老闆傷心。接著我問他是否能給我水。在我旁邊開心大啖榴槤的當地人放聲大笑，對我的窘相不以為然。

異國氣味是難以在日常生活中遇上的，對我們而言，是全新或是僅限於特殊場合的香氣。異國氣味能將我們帶往陌生的境地，迫使我們思考尋覓形容它們的方式。有些來源非常奇特或是出人意料的氣味，在香水中極富價值。

[1]

[2]

[3]

[4]

香水中最受喜愛的稀有原料：
[1] 龍涎香，抹香鯨腸道的排泄物。
[2] 馬來麝香貓（學名 *Viverra tangalunga*）的分泌物。
[3] 西伯利亞麝香鹿（學名 *Moschus moschiferus*）的分泌物。
[4] 河狸香，來自河狸的腺囊。

龍涎香在這類香氣中穩踞第一。這種稀有的原料，數千年來備受調香師垂愛，不只因為無法用言語形容的麝香氣息，更是因為其中獨特的化學特性。龍涎香常被誤指為「鯨魚嘔吐物」，事實上這是從抹香鯨的大腸排出的分泌物。龍涎香很接近貓頭鷹的「食繭」，也就是貓頭鷹吐出的無法消化的毛皮和骨頭團塊，不過龍涎香並非抹香鯨的嘔吐物，而是，嗯，從消化道的另一個方向排出。分泌物是蠟質的團塊，裹住大王烏賊無法消化的尖銳口部，保護抹香鯨的腸道。團塊通過抹香鯨的消化道，排進大海，最後隨遇而安地被海浪沖刷到岸上，雖然多半在大西洋，不過也會出現在英格蘭和威爾斯的海岸線，以及阿曼（Oman）和泰國。

要達到理想的狀態，分泌物必須在鹹水中漂流多年，在陽光下產生光降解，達成最佳氧化。偶然撿到龍涎香團塊，可是能改變人生的超級好運呢：尺寸夠大的龍涎香塊價值可達到數百萬元——除非你碰巧在美國，因為1973年通過瀕危物種法以保護鯨魚，防止盜獵，因此加工或販售龍涎香是被列為非法行為的。龍涎香被用在香水業長達千百年之久，能讓香氣久久不散，不過今日已被工業製的對應物，降龍涎醚取代，這是合成的萜類（terpenoid），模仿龍涎香的甜美麝香氣味。

然而，鯨魚並不是唯一一種肛門分泌物會出現在高級香水中的哺乳類動物。麝香貓是肉食哺乳類動物，外表有如大貓和貓鼬的合體，肛門腺會製造黃色或白色的物質用來劃地盤。純麝貓油帶有腐臭，甚至令人作嘔的氣味，但是經過稀釋後，卻能帶來迷人的花香。大部分的麝貓油來自在東南亞和撒哈拉以南非洲野生捕捉的麝香貓，然後將之關進籠子，讓麝香貓「農夫」可以每天一次從牠們的會陰（也就是肛門）腺體強行刮取麝貓油。幸好化學家聽從自己的良心，創造出靈貓酮，這種人工複製香料的效果毫不遜色。合成麝香的故事與合成龍涎香的由來很類似：數世紀以來，亞洲麝香鹿遭獵捕到幾近滅絕（必須殺死麝香鹿才能萃取麝香），以摘取製造麝香酮元素的腺體，做為調味料、化妝品和食物的基調。

[1]

[2]

[3]

　　河狸香也是類似的有機分泌物，取自河狸的香囊腺體。固然可以趁河狸睡著後「擠取」，不過殺掉河狸似乎更有效率。取得的物質用在香水和食物製作，在Chanel的「Antaeus」（英雄）和「Cuir de Russie」（俄羅斯皮革）、Guerlain的「Shalimar」（一千零一夜）、Lancôme的「Magie Noire」（黑色夢幻）等族繁不及備載。「獴油」（taxea）來自獴，也可以列入這份清單；緊接著是「非洲石」（hyraceum），這是蹄兔（cape hyrax）這種動物的乾燥尿液與排泄物的混合。這些採集手段看似殘忍也非必要，不過其實人類才是奇特的動物：氣味越奇特就越感興奮。至少這是我們的推測，法國品牌État Libre d'Orange（解放橘郡）惹人嫌的產品「Sécrétions Magnifiques」（浪蕩唐璜）的概念就是模仿人血、汗水、精液與唾液的氣味：有碘協調（褐藻、專利分子azurone）、腎上腺素協調、鮮血調、牛奶氣息（milk agreement）、鳶尾、椰子、檀香、甜沒藥。

　　還是讓我們回到植物吧！在植物王國中，可以找到數百種氣味迷人的花朵、根部、藤蔓、莖，混合後可以創造出獨特氣味與傳奇香氣。不過本篇章是關於異國氣味，因此我們決定走不同的路線。首先是名副其實的「屍花」──巨花魔芋（Titan arum）為蘇門答臘原生種，是全世界最大的花，或許你已經猜到，它也是最臭氣沖天的花。每七到十年會出現開花盛況，球莖散發的氣味令人聯想到腐爛的魚、臭鞋子、排泄物、還有發霉的乳酪，目的是為了吸引腐食和糞食性的甲蟲和蒼蠅，也就是巨花魔芋的主要授粉者。

　　巨花魔芋並不孤單，因為它是大花草屬（Rafflesia genus）的一分子，又名腐肉花，即使出現在《異形奇花》（Little Shop of Horrors）電影中也完全不令人意外。大花草屬植物非常獨特，除了需要絕佳運氣，還得到親自到婆羅洲或蘇門答臘雨林才可能一睹真面目。不過只要到了當地，絕對不難找到：大花草屬的花朵直徑可達100公分，重達10公斤。如果你想要轉而以南非為目的地，難聞的犀角屬（Stapelia）多肉花朵也會散發腐肉的氣味，與北美的菝葜屬（Nemexia，狹義）藤本植物類似。只可惜我們不像少數為這些植物授粉的昆蟲，喜愛腐爛的氣味，因為這些花朵都是天然的珍寶，遠遠欣賞

在植物王國中，可以找到數百種氣味迷人的花朵、根部、藤蔓、莖，混合後可以創造出獨特氣味與傳奇香氣。

就好。豆蘭（Bulbophllum）也是如此，其低垂的花瓣極具吸引力，瀰漫幾乎與新鮮尿液、乾掉的血液或溫熱糞便毫無二致的濃烈氣味。

大自然的惡臭生物當然也少不了真菌，例如白鬼筆（common stinkhorn，學名*Phallus impudicus*，意指勃起的陰莖），外形如陽具而且氣味惡臭無比，不過並沒有毒性。生長在北美的臭菘（學名*Symplocarpus foetidus*）俗稱「臭鼬包心菜」或「沼澤包心菜」。一如俗名的暗示，臭菘的氣味很像臭鼬，就是那個會噴出臭烘烘液體的黑白相間小動物。

雖然有這些氣味上的小問題，但是我們不得不同意，絕大多數的自然氣味真的非常迷人。即使人類決定離開充滿百花香的地球，前往太空，地球外大氣層也絕對會有意想不到的氣味等著你。沒錯，太空人可能會說，宇宙聞起來可以是燒焦的煞車片、焊接金屬，或火藥。或者像太空遊客安薩利（Anousheh Ansari）的形容：「聞起來很奇怪，有點像烤焦的杏仁餅乾。」被地心引力綁在地表的我們，還是乖乖享受只有地球上才有的特別氣味吧！如「biblichor」，也就是舊書的氣味，而且很可能是我最喜歡的氣味，另一個則是落在乾燥泥土上的新鮮雨水「petrichor」。

[4]

[1]　腐肉花的濃烈氣味，以腐肉的臭氣吸引蒼蠅與肉食性昆蟲前來。
[2]　臭名昭彰的豆蘭，氣味有如尿液、鮮血或糞便。
[3]　白鬼筆是一種形似陰莖的真菌。
[4]　屍花每七到十年才開花一次，盛開時散發強烈氣味，因而得名。

時間
與地點

81-179

古老年代

氣味的歷史絕不只是一張嗅覺美學的年代表，更反映了人類思索身體在天地之間定位的變化。氣味座落在科技與創意發展的交會點，是感官享受，是國際貿易，也是神聖的儀式。

在史前時代，嗅覺對人類生存而言至關重要，不管是辨識接近的敵人還是潛在的配偶，直到今日，新生兒仍透過氣味辨識母親。負責此互動的分子稱為組織相容性複合體，在人類身上則叫做「HLA」（人類白血球抗原human leukocyte antigen的縮寫）。

1886年約翰‧維格林（John Weguelin）描繪埃及的香氣祭祀儀式。

人類白血球抗原決定了我們的自身氣味（換句話說，也決定了我們如何辨識他人）。許多研究顯示，人類會找出HLA與自身差異最大的配偶，因為相較於HLA接近的伴侶關係，結合基因多樣性可生成更強壯的免疫系統。佛洛伊德聲稱，隨著人類逐漸轉變為直立姿勢，我們的嗅覺能力變弱了，在往後的千百年間，雖然氣味確實從生存機制變成瓶裝的奢侈品，仍在人的一生當中與其周遭環境的互動方式，擁有深遠影響，在某些古老文化中，影響力甚至會延續到死後的世界。調香師尤金‧瑞默（Eugène Rimmel）甚至言之鑿鑿地說：「在某種程度上，香水的歷史就是文明的歷史。」

神聖儀式

香氣最早主要用於宗教，在無數古代文化中以焚香做為祭祀和犧牲的形式，「perfume」一字就是來自拉丁短語「per fumum」，意思是「透過煙霧」。《聖經》裡，耶和華曾指示摩西以香肉桂、甜菖蒲、桂皮製成的聖膏油，塗抹會幕、法櫃和洗濯盆，讓這些事物都成聖。兩河流域的人民會在祭壇前焚燒松樹、柏樹、杉樹、香桃木、雪松，當作對神明的祭品，產生的煙氣繚繞上升至天界，向眾神致敬。

曾於公元前1478到1458年統治埃及的法老，哈謝普蘇女王（Queen Hatshepsut），是乳香樹脂的重度使用者，狂熱到要求到邦特之地（land of Punt）探險考察，以進口生產乳香的樹木。一天當中的固定時間總會奉上焚香：早上以樹脂致敬，中午奉獻沒藥，傍晚則是十六種辛香料的混合（kyphi）。傍晚的焚香儀式是確保眾神回到冥界的路途平安，以及日出之際，太陽神「拉」（Ra）會再度現身。香料包括葡萄乾、杜松子（juniper）、莎草（papyrus）、葡萄酒、蜂蜜。使用焚香的習慣一直到古埃及文明結束仍持續下去，這點要歸功於羅馬人和阿拉伯世界在公元二世紀左右不斷增加的貿易往來，估計總量約每年三千噸。

古埃及發展出最早的香氣萃取法，亦即脂吸法，這是將鮮花放在一層豬脂或牛脂上，使香膏吸飽植物的香氣。這個方法原本主要用來萃取茉莉、晚香玉，以及埃及藍睡蓮（Nile lotus）。其他運用在這項充滿實驗性質的早期香水技法的適當材料包括沒藥、雞蛋花（frangipani）、夾竹桃（oleander）、石榴（pomegranate）。

古埃及人也有某些芳香療法雛形的習慣。香氣不僅被視為維持健康和身心靈連結均衡的重要元素，即

[1]

[2]

使在死後的世界也同樣重要。芳香療法配劑包括「梅托比恩」（metopian，含有沒藥和小荳蔻，可舒緩胃部的配方）與「特里亞克」（theriac，抗焦慮藥劑，含乳香種子油、多種樹脂、葡萄酒、蛇皮、肉桂）。製作木乃伊的過程中，屍體會塗滿防腐香油，法老則會與多罐精油一同放入石棺，做為在彼岸等待他們的神明的禮物。

古希臘羅馬時代，調香師會混合當地與進口原料的調製配方。古羅馬人使用的原料包括水仙、番紅花、橡木苔、肉桂、薑、穗甘松（spikenard）；古希臘人（一部分受國家對芳香療法的熱愛）則以百合、百里香、薄荷、鼠尾草、玫瑰等花草製成香油並出口。在兩種文化中，部分香氣專門用於特定的身體部位（例如薄荷用在手臂，杏仁油用在足部），希臘運動員和羅馬角鬥士在踏入競技場之前，都會在身上使用香氛。身為「植物學之父」的希臘哲學家泰奧弗拉斯托斯（Theophrastus）甚至在著作《關於氣味》（*Concerning Odors*）中寫下根據不同性別的香水建議，認為清淡的玫瑰和百合香氣是男用，較飽滿的沒藥、甜馬郁蘭（sweet marjoram）與穗甘松油是女用。

古羅馬時代，這些香氣以粉末、液態油或膏狀施用在身體上。如此美好的時刻，可讓人暫時轉移焦點，忘記皮革鞣製廠或洗衣場（使用含阿摩尼亞、具有清潔功效的尿液清洗衣物）散發的惡臭。氣味定義了地點，一如體味是有錢人與窮人的差異。公共桑拿和浴場讓較富裕的人們有機會清洗身體和噴香水以蓋過這些臭味。古羅馬的家庭開銷以揮霍香氛著名，從所有靠枕到家中寵物都噴上香水。上流社會家庭的牆壁和地面以香膏與清水增添香氣，柴薪也會加入香料，使室內香氣滿盈。

在古希臘和羅馬文明中，阿拉伯辛香料和樹脂皆擁有極高價值，最後竟在香氣上建立起強大的國際貿易，直到今日仍擁有優勢。某些氣味成為藉此獲利的國家的代名詞。「你會發現香氛產業是最全球性的貿易。」強納森・瑞納茲（Jonathan Reinarz）解釋，他是《過去的香氣：從歷史觀點看氣味》（*Past Scents : Historical Persperctives on Smell*）的作者：「我對那些耐人尋味的

[1] 魯道夫・恩斯特（Rudolf Ernst）的畫作〈香水製造者〉（*The Perfume Maker*），呈現採收過程。
[2] 女先知瑪麗亞發明用於香水製造中的蒸餾法。

[3]

[4]

人類學研究實在無法忘懷，認為根據特定文化，若某樣東西為該文化帶來財富，那麼那樣東西就會在該文化中無所不在。氣味是文化現象。過去社會的成員，依靠氣味理解他們周遭的環境與更廣義的世界，並與之產生連結。」

公元二世紀時，一名亞歷山卓城鍊金術師「女先知瑪麗亞」（Maria the Prophetess）發明了最早的蒸餾法，能分離植物油和水，是香水史中意義非凡的時刻。我們能在古典時代的文獻記載中找到當時的香氣偏好，包括巴比倫人喜愛松樹和松柏類香水混合物，用來獻給太陽神沙馬什（Shamash）；米諾斯文化（Minoan culture）喜歡玫瑰和百合（百合被視為純潔的象徵，後來轉變為崇高的愛、生育、榮耀）；伊特拉斯坎文化（Etruscan culture）偏愛在香氣混合物（主要用於焚香儀式）中加入香桃木（myrtle）和岩薔薇（rockrose）等當地植物。不過，由於需要大量勞力與高昂價格，這些產物僅限皇室享受。

公元595年起，才出現日本使用焚香的紀錄，正好是佛教和禪文化的傳播時期，很快便發展為高度儀式化的藝道。香道會在安靜的室內進行，使用六種不同香木（伽羅、羅國、真那伽、真南蠻、寸聞多羅、左曾羅），放在燒透木炭上的雲母片上方。接著將雲母片輪流遞給品香者，使眾人體驗香氣，猜測選用哪一款香木。

芳香的道德

氣味從來就不局限在實用範圍。由於氣味與歡愉和縱情緊密連結，嗅覺曾被認為是危險的感官，在某些宗教中，製造香氣甚至被視為是追求享樂。根據瑞納茲所言，早期的佛教著作將香氣分成「有益、無害、有害」三類，在基督文化中，「香氣被視為高價的奢侈品，或來自罪人不潔的內心，可能會激起神的憤怒，以及宗教群體的譴責。」然而，香氣也因此成為人文學術界中最迷人的話題。

[3] 盛裝用來治療疾病的芳香療法植物性藥材的特里亞克瓶（theriac vase）。

[4] 在液體香氛出現以前，裝滿麝香或龍涎香的「香球」相當普遍。

亞里斯多德在公元前350年左右撰寫的《靈魂論》（*De Anima*）中編纂了氣味的分類，希波克拉底（Hippocrates）成為描繪鼻子解剖圖的第一人。1480年，達文西發現鼻竇的功能；1660年，康拉德－維克多·史奈德（Konrad-Viktor Schneider）提出嗅覺黏膜的構造。

十八世紀時，瑞典的自然主義者林內（Carl Linnaeus）將氣味按照其宜人程度分類，定下研究氣味的嗅覺學（osmology）的開端，馬西里奧·費奇諾（Marsilio Ficino）則依照氣味的溫度創造分類。喬瑟夫－伊波利特·克洛柯（Joseph-Hippolyte Cloquet）在1815年發表的論文《關於氣味：嗅覺感官與嗅覺器官》（*On Odor : The Sense of Olfaction and the Olfactory Organs*）中的論點，成為探索嗅覺的醫療層面最早期的官方文獻之一。

哲學家不斷探討嗅覺感知做為認知與知識的重要來源，從笛卡兒、湯瑪斯·霍布斯（Thomas Hobbes）到約翰·洛克（John Locke）等各領域的哲人皆提出這些論點。早期的學者將嗅覺斥為原始感官，許多十九世紀的經驗主義者卻認為，嗅覺是未經過濾的感知，

各時代的氣味	古印度 公元前7000年~公元前500年	古埃及 公元前3000~300年	古希臘 公元前3000~323年
	古代印度是使用焚香的最早紀錄，隨後是馬雅、兩河流域和阿拉伯文化。	埃及人發明脂吸萃取法。	公元前350年 亞里斯多德發表《論靈魂》著作，其中涵蓋氣味分類。

	伊斯蘭黃金時代 公元750~1300年	文藝復興 公元1350~1650年	地理大發現 公元1400~1550年
	1320年 於義大利摩德納設置最早的香氛蒸餾器。	1370年 發明「匈牙利之水」，是最早以酒精為基底的香水。	馬可·波羅或哥倫布等人率領的探險隊將異國的香料植物引進西方世界。

	浪漫時代 公元1790~1850年		
	1700~1800年 瑞典自然學家林內依照氣味的接受度，將其分成不同等級。	1775年 第一家香水專賣店問世。	1815年 解剖學家克洛柯在論文《關於氣味：嗅覺感官與嗅覺器官》中闡述嗅覺。

因此是反映人類心靈狀態最真實的形式。從此，人們主要以符號學和人類學的脈絡分析氣味，做為共同語言和文化區別。

中世紀時，氣味與道德品格、善惡觀念，甚至與健康的關聯越來越密切。硫的氣味與地獄有關，體味難聞的人被認為道德標準較低下。某些動物氣息則被認為是罪大惡極，或是賣淫的印記。

香氣最初是菁英階級或神靈專屬的高級品，主要幫助維持社會階級，因為只有富人才能擁有氣味宜人的享受。隨著文明邁向民主化且財富增加，人們周遭的空氣也變得越來越好聞。隨著城市下水道系統革新，沐浴也成為每日例行公事，身體和環境的氣味改善了。

阿蘭・柯爾本（Alain Corbin）在《惡臭與芬芳：感官、衛生與實踐，近代法國氣味的想像與社會空間》（ *Le miasme et la jonquille : L'odorat et l'imaginaire social, XVIIIe-XIXe siècles* ）一書中宣稱，十八和十九世紀時，氣味是維持社會階級的重要關鍵，「去除體味」與人類的發展有直接關係。除了只有富裕的上流階層才能定期沐浴遮掩體味之外，過去人們認為熱水

古羅馬 公元前800年~公元476年	鐵器時代 公元前1200~230年		中世紀 公元400~1500年
羅馬和阿拉伯世界之間的貿易增加，促使人們使用焚香。	絲路使乳香和沒藥得以輸入中國。	**公元200年** 亞歷山卓城鍊金術師「女先知瑪麗亞」發明最早的蒸餾技術。	公元595年 日本使用焚香的最早紀錄。

	近代早期 公元1500~1750年	伊麗莎白時期 公元1558~1603年	近代晚期 公元1750-1945年
1480年 達文西出版關於鼻竇的研究。	康拉德－維克多・史奈德提出嗅覺黏膜的構造。	1709年 法利納發明最早的古龍水。	1712年 引進研磨機，大幅提升柑橘油的萃取量。

	維多利亞時代 公元1837~1901年		
1834年 最早的合成香氛原料問世。	1835年 溶劑香氣萃取法。首次運用在香水製造中。	1857年 英國化學家皮耶斯出版《調香的藝術》，引進現代調香語彙。	1882年 第一批使用合成分的香水上市販售。

[1]

[2]

會抵抗力變弱，因此在身上塗滿香氣也被視為保護身體的方式，迷迭香特別用來預防瘟疫。中世紀的人們會依照脾氣，以不同的香氣做為藥用功能（例如脾氣溫和的人要用麝香之類溫暖的氣味，反之使用清涼的氣味），體味的好聞與否，則是健康或疾病的指標。隨著中世紀進入尾聲，文藝復興開始，氣味在原本的功能性之外，開始獲得更廣泛的審美價值。

揮霍的香氣

整個中世紀皆維持宗教的焚香祭祀，公元五世紀時一度隨著羅馬帝國沒落的香氣文化，在君主統治下復甦了。薰衣草和玫瑰香氣在這段時期普及化，一直延續到文藝復興。最早以酒精為基底的香水就是在此時期出現：匈牙利之水（Hungary water），是由匈牙利女王伊莉莎白（Queen Elizabeth of Hungary）於1370年開發的迷迭香混調。香水生產持續進步。絲路讓來自阿拉伯半島的乳香和沒藥，得以透過駱駝商隊大量進入中國。十三、十四世紀由馬可・波羅或哥倫布等人率領的探險隊將檀香、小荳蔻、可可等令人耳目一新的異國香料引進西方世界。據說十世紀時的波斯醫學家阿維森納（Avicenna）精通玫瑰花瓣的蒸餾，不過最早的香氛蒸餾器，是在1320年左右於義大利摩德納（Mobena）設置。

殖民主義不僅要征服地理疆域，更包含香氣與嗅覺領域，英國探險家從印度出口檫樹（sassafras）。由於造訪玫瑰花園成為廣受歡迎的消遣，僧侶進行芳香療法、以百里香和快樂鼠尾草等植物製作草本藥劑（修道院到十六世紀以前也身兼蒸餾廠），整體人民對香氣經驗的興趣大大成長。

[1] 法蘭索瓦－托馬斯・蒙東（François-Thomas Mondon）於1750年左右寫下的《嗅覺》（*L'Odorat*）。

[2] 波特萊爾（Charles Baudelaire）的《惡之華》（*Les Fleurs du Mal*）封面。

花園在貴族之間可展現財富與權力，同時也反映出文藝復興的理想：秩序井然的自然界是智慧的象徵。大量花草香氣原料因此被種植，尤其以大馬士革玫瑰（原產於敘利亞）受到都鐸宮廷的特別青睞，並在歐洲馴化。

氣味做為社會階級的指標，持續擁有強烈的文化重要性。瑞納茲指出，某些女性領主會要求在浴盆中裝滿從花瓣上收集來的清晨露珠。「如果仔細研究歷史，會發現奢侈享受相當耗費人力和時間，並非人人都能負擔得起，且昂貴的未必是原料本身。」

雖然傳統的香氛形式尚未完全廣為確立，不過富人已經以增添香氣的衣物與配件妝點外表，包括有香氣的手套、長統襪、襯衫，以及香球（pomander，有孔的銀製球體，裝入麝香或龍涎香）。達文西在義大利新聖母修道院（Santa Maria Novella monastery）為皇室製作有香氣的身體用品，伊麗莎白一世統治下的英格蘭亦然。加入辛香料的「百花香」（potpourris）從東方進口，還有填入玫瑰與麝香的小袋，為周遭環境帶來迷人的香氣。

在法蘭西斯一世、凱薩琳・梅迪奇（Catherine de Medici）的丈夫亨利二世與路易十五的統治下，法國見證了義大利香氛製造不斷增加的影響力。私人調香師奉命為社會的菁英成員製作香水，創造了整個社會的嗅覺想望。莎士比亞在一系列充滿聯想的十四行詩中捕捉這份對氣味的狂熱執迷，為後來文學中許多以氣味為靈感的描述首開先河，其中以波特萊爾、普魯斯特、徐四金的作品最著名。

雖然香水主要仍是上層階級的奢侈品，到了十六世紀開始慢慢普及，製作香氛產品所需的整體知識和技術已經大幅提升。1630年代末，調香師的角色已經成為一項職業了。

現代調香的誕生

隨著液態香水（受到想要模仿皇室的潮流領導人所啟發）越來越容易取得，以及法國首度開設現代香水店，1700年代香水貿易持續蓬勃發展。有一款至今仍存在的香水，正好可以具體展現此時期的嗅覺喜好：濃重柑橘調的「4711 Eau de Cologne」（4711科隆之水）。格拉斯成為香水重鎮，因為以麝香和龍涎香增添香氣的皮革製品逐漸退場，香水生產取而代之。由於龐巴杜夫人（Madame de Pompadour）與瑪麗・安東尼之流的人物使渴望個人清潔與沐浴的藝術變成一種風格，較淡雅、增添香氣的水取代過去用來掩蓋體味的濃厚香氛。熏香壺（cassolette，用來燒百花香的容器）成為所有上流人家的必備品。

在此之前，香水僅在藥房販售，不過法格娜（Fragonard）香水公司於1782年在格拉斯成立，霍比格恩特（Jean François Houbigant）於1775年開設第一家香水專賣店，為香水產業拉開序幕。雖然在法國大革命期間一度停擺，不過多虧拿破崙，香水產業捲土重來，大力支持產業，最廣為人知的就是要求每個月為他生產五十瓶古龍水。有了皇室的贊助，接下來的一百年間的嗅覺革新與關於香氛的學術討論不斷增加，便毫不意外了。

到了1835年，溶劑萃取法取代了蒸氣萃取法，因此，較嬌弱的花朵也能使用在香水中了。1834年首度合成人造原料。霍比格恩特在1882年發行的「Fougère Royale」（皇家馥奇）古龍水成為最早加入合成分子（香豆素，一種化學化合物，原本從零陵香豆中取得，含有香草、杏仁、乾草氣息）的香水之一。「這是現代調香的轉捩點。」香氛顧問公司Olfiction的共同創辦人尼克・吉爾貝特（Nick Gilbert）說道：「在這之後，無數品牌迅速跟進，紛紛推出合成基調、合成花香、合成香草調，以極快速度生產所有香水。在價格方面，香水也變得稍微親民一些。分子出現，接著被調香師應用，這一切真正推進整個調香產業。沒有合成分子，就沒有現代香水。」

香氣中的跨領域影響，是在英國化學家皮耶斯（George William Septimus Piesse）出版《調香的藝術》

（*The Art of Perfumery*）時才復甦，這本書首度引入現代香水語彙，使用「香調」（note）等專有名詞描述成分，以及「調香琴」（perfume organ）形容調香師存放與實驗萃取物、精華、酊劑的工作檯。1895年，荷蘭生理學家茲瓦德梅克（Hendrik Zwaardemaker）將氣味分類香氣級別。

　　無論被視為宗教儀式不可或缺的一部分，妝點身體的墮落享受，還是單純維持地方經濟的手段，香氣現在儼然是全世界的習慣，橫跨無數文化，在每一個文化中帶有不同的意義。香氣從最原始的階段，一路伴隨人類發展，在過程中逐漸充滿藝術實踐、科學革新與社會意義。從社會菁英階層專屬的豪華奢侈品，轉變為人人都買得起的現成品。這些在手工藝與學術圈的進展，為現代的香氛時代打下基礎，一切始於1828年，皮耶－法蘭索瓦・嬌蘭（Pierre-François Pascal Guerlain）在巴黎的里沃利路（rue Rivoli）隆重開幕。

[1]

[2]

[1]　1953年在公司工廠生產的原始版4711科隆之水。

[2]　霍比格恩特的廣告，是第一家在發行的香水中加入合成香調的公司。

香調家族3
柑橘調Citrus

　　柑橘調的香氣數量占壓倒性優勢，包括檸檬、柳橙、苦橙花、苦橙葉、葡萄柚、甜橘、柚子。柑橘調是以法利納（Giovanni Maria Farina）在1709年時首度推出的傳統古龍水為基礎，並以新選定的德國家鄉科隆（Cologne）為名，法利納同時也將名字德文化，從Giovanni改為Johann。古龍水的發想是為了提振精神與使用者的健康，因此原始的古龍水配方濃度為2~4%（即以酒精和蒸餾水稀釋的精油含量），傳統上可飲用也可噴灑在身上。現在的古龍水已經是柑橘調香氛的代名詞，有時也稱為「柑橘香」（hesperidic），名稱來自赫斯珀里得斯（Hesperides）的希臘傳說，他是金蘋果（被認為是柳橙）花園的守衛；古龍水的濃度低於淡香水。不過古龍水總是明亮又清爽。

　　多汁鮮爽又充滿活力，使用柑橘調香氛有如穿上液體陽光。由於柑橘油是最具揮發性的精油，其分子在肌膚上蒸散得最快。不過柑橘調香氛的一大半樂趣就在於補噴香水：好好享受這份清新颯爽，瞬間醒神的果皮香氣，感受精神振奮起來。柑橘調具衝擊性卻轉瞬即逝的特性，代表它們在所有香氛家族中的前調，不過在列為柑橘調的香水中，這些香調則會成為主角。有如穿上瓶裝的假期，柑橘調香水就是如此活力十足，優雅得毫不費力。

柑橘調代表性香水：
法利納的1709經典古龍水（*1709 Original Eau de Cologne*）

法利納在給哥哥的信中寫到：「我發現一種香氣，讓我想起義大利的春天早晨，有如雨後的山中水仙和橙花。」這款歷久彌新的古龍水無比清新，能夠立刻提振精神，是難以超越的經典之作。

現代香氣

最早的香氛專賣店與香水工藝開始受到重視，表示一般人對氣味的鑑賞與知識越來越普及。

香氣在二十世紀之前，主要為功能取向，如用於宗教祭祀或去除體味，隨著香氛產業的擴張，以及身體和居家香氛產品的大量生產，開啟了人類與氣味的全新關係。

1889年推出的「Jicky」是最早的
現代香水代表之一。

芳香療法在世界各地的歷史長達數千年，從公元前3000年的阿育吠陀草藥，以及公元前2800年讚揚柳橙和薑對健康的益處的漢語文本，到古代的芳香療法鼻祖，即古希臘醫師希波克拉底（Hippocrates）、迪奧斯克里德斯（Pedanius Dioscorides），以及古羅馬醫師蓋倫（Claudius Galen）。草本藥劑的力量，在十八世紀晚期到十九世紀早期，於西方世界持續受到廣大認可。

法國化學家蓋特佛賽（René-Maurice Gattefossé）在1910年重新發現薰衣草的藥用特性，開始以薰衣草精油治療一戰的士兵，後來在1928年的論文中創造了「芳香療法」（aromathérapie）一詞。後來的發展包括尚·瓦涅（Jean Valnet）使用精油治療生理與心理疾病，並於1964年出版《芳香療法》（L'aromathéraphie）一書，1980年翻譯成英文，書名為《The Practice of Aromatherapy》。奧地利生化學家瑪格麗特·莫里（Marguerite Maury）在1950年代首創芳香療法按摩，1961年出版《生命與青春的奧祕》

（Le capital jeunesse），羅伯特·滴莎蘭德（Robert Tisserand）則在1977年出版《芳香療法的藝術》（The Art of Aromatherapy）。

香氣製造也反映了工業化，在整個十九世紀以驚人的速度飛快進展。香氣脫離純然的宗教或皇室經驗後，香氛產業便逐步發展為照顧不斷成長的消費者需求，因為人們緩慢但確實地將香水視為日常生活中的一般產品。

二十世紀初期，透過合成分子（實驗室生產的人造香氣能夠以低於天然原料的成本模仿其氣味，或是依照不同產品，製造專屬的香氣特性）、溶劑萃取法等效率更佳的蒸餾方式，以及更多消費族群越來越容易購買到香氛產品，見證了香氛的普及化。從創作到行銷過程，香水發展一路壯大到如今我們熟知的產業規模。

「1870年代到1930年代末，這幾十年實在精采無比，不僅創造力勃發，香水界還碰巧孕育出一大堆驚人的天才，像是卡隆（Caron）的達爾特洛夫（Ernest Daltroff）、格雷史密斯家族（Grossmith）和嬌蘭，還有已被現代人淡忘的尚·帕杜和保羅·普瓦烈（Paul Poiret）。」倫敦獨立香水店Les Senteurs的香氣檔案員詹姆斯·克拉凡（James Craven）解釋。

「Fougère Royale」於1882年問世，由保羅·帕爾克（Paul Parquet）創作，是第一支在薰衣草、橡木苔和零陵香豆子河中加入合成分子（香豆素）的香水。1889年，埃梅·嬌蘭（Aimé Guerlain）創作了「Jicky」，一款帶有東方風情的馥奇調香水，前調是薰衣草、迷迭香、和柑橘，基調則為香草和皮革。這款香水不僅含有人造化合物香豆素、乙基香草醛、萜醇（terpene alcohol）、芳樟醇（linalool），繁複的香氣結構更是大眾市場前所未見。

「『Fougère Royale』和『Jick』」就是現代香水的濫觴，因為開始加入合成原料。1900年代初期，當時的香水價格仍相當高昂，但是突然間成為許多人都負擔得起的產品，因為再也不是充滿價格不菲的花朵原精（濃度極高的油），必須相當有錢才能運用在香水中。合成分子的出現，嬌蘭、科蒂、霍比格恩特等香

[1]

[2]

水公司將之應用在產品中，澈底改變了香水的面貌。」香氛顧問公司Olfiction的尼克・吉爾貝特解釋。

　　在這十年間，法蘭索瓦・科蒂與賈克・嬌蘭被視為競爭對手，創作出風格近似而現在被認為是調香里程碑的香水，並且確立作品的香氣類型，如1905年的L'Origan和1912年的「L'Heure Bleue」（午夜飛行）是花香調，1917年的「Chypre de Coty」和「Mitsouko by Guerlain」是西普調，1921年的「Eméraude」和1925年的「Shalimar」則是異國琥珀調，又稱「東方調」（oriental）。

　　此時，原料本身已然成為巨大商機，從自製萃取轉為大型企業供應商，如芬美意和奇華頓（兩者創立於1895年）。吉爾貝特也指出，發現全新的香氣合成物決定了香水的潮流，例如1898年由於發現紫羅蘭酮（ionene，讓紫羅蘭散發特有氣味的香氣化合物），使得紫羅蘭香氛崛起。更多符合成本效益的原料也開啟更自由的香水組成實驗。

嗅覺時代精神

　　隨著1920年代開始採用醛類，消費者對香水中的合成物質心態也逐漸變得開放，其中以「Chanel No. 5」最廣為人知。這款香水由厄尼斯特・波（Ernest Beaux）於1921年為法國時裝品牌Chanel打造，他利用醛類的肥皂氣息和活潑特質，使整體偏傳統的依蘭依蘭、鳶尾、茉莉、玫瑰、麝貓香和琥珀組合更加大膽。

　　普瓦烈於1911年推出「Parfums de Rosine」，是第一個發行自家香水系列的時尚品牌，不過「Chanel No.5」很快便接收了這個市場區塊。儘管如此，兩者的企圖皆代表香水已經成為時尚，反之亦然。「一如香奈兒女士對待服裝的態度，她把所有什麼該做什麼不該做的準則丟到一邊，撕掉之前的東西，遵循直覺行事。」克拉凡強調：「現在和一百年最大的不同，就在於如今在許多創意領域中，沒有人敢冒這些風險，因為一定會惹惱或冒犯人們的道德敏感度，或是危害他們的健康。」

　　時至今日，大部分的奢華時尚品牌是透過販售香水，而非品牌來維持營運，因為香水是進入奢華時尚品

[1]　Paul Poiret是第一個推出「Parfums de Rosine」香水系列的時尚品牌。

[2]　可可・香奈兒與調香師厄尼斯特・波在1921年共同推出「Chanel No.5」。

牌世界更親民的方式。事實上，尚・帕杜在經濟大蕭條開始時的1929年推出的「Joy」，就獨立幫助了維持品牌得財務營運。帕杜將之定調為全世界最昂貴的香水，需要10600朵茉莉花和二十八打玫瑰（336朵），才能製成一盎司純香精。當時一小瓶「Joy」售價35美元，大約等於現在的550美元。這款價格高昂的香水也反映了1930年的飽滿濃郁花香調風潮。

「人們穿用的香水種類中，似乎總有某種形式的香調變化。第一次世界大戰後，奢華事物重回流行。第二次世界大戰後，有一波綠色調香水風潮，帶有新希望和新開始的氛圍，香水開始聞起來像大自然和春天。」吉爾貝特解釋。

第二次世界大戰後，巴黎仍舊有如首都般主導香水產業，美國軍人為心愛的人帶回法國香水，不僅引發消費者對巴黎香水的渴望，還有對所有香水的渴望。香水與時尚一樣，正成為二十世紀風格的一部分。一如每十年都會有一個劃時代的時尚潮流，如1950年代的日常大圓裙洋裝或1960年代的迷你裙，由於生產更快速、銷售據點分布更廣，香水也成為自身時代的文化寫照。最好的例子就是潔爾蔓・瑟里耶（Germaine Cellier）為Robert Piguet（羅伯・貝格）創作的「Bandit」（匪盜），是極具挑逗性的煙燻皮革香水。這款作品於1944年推出，那段時期，女性後勤工作者毫不畏懼地擁抱自己大膽勇敢的一面。

香水越是成為以商業化方式生產，代表1950年代的時代精神，也變得越容易針對不同性別行銷。「過去推出的香水，一般而言任何人只要喜歡都可以穿用。直到1934年卡隆推出『Pour Un Homme』（謙謙君子），明顯可以看出香水的性別取向。行銷和廣告產業也帶來巨大影響。影集《廣告狂人》（譯註：意指1960年代）的時代迫使香水和各種產品的性別取向都要更分明。」吉爾貝特描述道。

經典的例子包括1950年代極度女性化的花香調香水，或是1970年代初期帶有廣藿香氣息的反主流運動。隨著Estée Lauder（雅詩蘭黛）在1972年發行「Aliage」（愛麗格），以女性運動香氛噴霧做為行銷賣點，社會大眾發現理想女性典範的束縛開始鬆

動。接下來的十年間，這些較輕鬆的香氛很快就被張狂大膽的異國琥珀香水取代，像是Yves Saint Laurent（聖羅蘭）的「Opium」（鴉片，1977年）和Dior的「Poison」（毒藥，1985年）。1985年，德國作家徐四金出版影響深遠的小說《香水》（Das Parfum），直到今天仍是氣味世界中最引人遐思的作品，將氣味的探討進一步帶入主流文化。

在堤耶里・穆格勒（Thierry Mugler）與吉安尼・凡賽斯（Gianni Versace）曲線畢露、超貼身風格時期的性感豐滿的創作之後，接下來的十年，時尚轉向較雌雄莫辨的身形，避免吸引注意，而非追求受到注目。在Jil Sander和Prada的極簡設計中就能發現這一點。1994年，Calvin Klein（卡文・克萊）在中性香水「CK One」的香氛中，推動中性風潮，瓶身的線條柔順，設計簡單低調。香氛本身混合了檸檬、綠色香氣、香檸檬、鳳梨、雪松、麝香。

在一片水生柑橘調浪潮中，「Angel」脫穎而出，這是1992年奧利維耶・克雷斯普（Olivier Cresp）為Mugler（穆格勒）所打造的。許多人認為這是代表性的美食調香水，原本是要重現在夏季園遊會的夜間閒逛，其中當然包括棉花糖和焦糖蘋果。最終成品就是瀰漫令人「鼻」不暇給的大堆食物香氣，從椰子、黑醋栗、紅色莓果，到香草、巧克力、焦糖。

「『Angel』有如重返童年，回到孩提時代，重溫吃東西的療癒感。這支香水起初看似完全和偏柑橘調的時代唱反調，事實上卻是1990年代的另一種故作天真，反抗1980年代的華爾街股票崩盤。」克拉凡如此評論。就像香水和實務之間的界線越來越模糊不明，香氣也早已脫離香水瓶的限制，進入日常生活中的其他領域。

大眾市場產業

香氛產業的可觀成長，致使健康安全法規的需求大量增加，首先是於1973年成立IFRA，國際日用香料香精協會（International Fragrance Association）。這個管理機構制定香水中特定原料的合法濃度限制，

（例如最終成品中允許含有4%小花茉莉原精），也可能在整個香氛產業中禁用某些原料。除了IFRA，還有各式各樣的國際與國家級組織，可下令禁止或限制某些香氛原料，包括美國的全球化學品調和制度（Globally Harmonzied System of Classification and Labeling of Chemicals）、歐盟的消費者安全科學委員會（Scientific Committee on Consumer Safety），以及國家級的健康安全部門。

　　「上個世紀我們從在身上使用香氛，發展到為所有物品增添香氣。所有的產品都有香氣：像是衣物柔軟精、噴霧劑、體香劑、保溼產品，甚至連衛生紙之類的家用品也是。」吉爾貝特解釋：「這就是為何法規日漸增加，而且越來越嚴格。如果我的日常生活中所有物品都有香氣，那這些香氣就必須是安全的。」

許多香水傳奇如果在芳香物質研究機構（Research Institute for Fragrance Materials）經手的測試下證實有害，就會導致停產或是調整配方。硝基麝香就是其中一個例子，1980年代時發現會擾亂內分泌和細胞，因而從香水中移除，即使一直是非常普遍的原料，例如Lanvin（浪凡）於1927年推出的原始配方「Arpège」（永恆之音）中就有硝基麝香。

　　如今新的香氣化學物質進入市場前，都要經過嚴格測試，確保與人體接觸時安全無虞。近年來，歐盟執行委員會（European Commission）要求禁用可能致敏的橡木苔，以及重現鈴蘭香氣的兩大關鍵原料鈴蘭醛（lilial）和新鈴蘭醛（lyral），導致許多香水公司立刻調整配方（改用其他合成物質取代這些原料），力圖拯救原始版本的香水免遭停產的命運。

各時代的氣味

1889年
「Jicky」問世，是最早的現代香水之一。

1895年
奇華頓和芬美意成立，為迄今最大的兩家原料供應商。

1898年
發現紫羅蘭酮（模仿紫羅蘭氣味的合成物質）。

經濟大蕭條
1929~1939年

第二次世界大戰
1939~1945年

1930年
尚·帕杜推出「Joy」，為全世界最昂貴的香水。

二戰後
美國軍人從海外帶禮物回家，使對法國香水的需求增加。

1948年
Robert Piguet品牌推出張揚魅惑的晚香玉香水「Fracas」（喧譁）。

資訊時代
1971~現在

1965年
合成備受歡迎的合成麝香，佳樂麝香（galaxolide）。

1973年
國際日用香料香精協會成立。

Iso E Super首度合成。

1977年
羅伯特·滴莎蘭德出版《芳香療法的藝術》。

YSL推出「Opium」。

高級居家香氛是香水產業的重要部分。

第一次世界大戰
1914~1918年

1911年
第一個由時尚品牌推
出的香水線（Paul
Poiret的Parfums de
Rosine）。

1921年
Chanel推出「Chanel
No.5」，帶起香水界
使用醛調的流行。

1925年
Guerlain推出影響深
遠的異國琥珀香水
「Shalimar」。

1928年
首度發明「芳香療
法」一詞。

冷戰
1946~1991年

1953年
Estée Lauder推出
「Youth Dew」（朝露），
原本是沐浴油，將香氛產
品製成較平價的奢侈品。

由於經濟改善、《廣告
狂人》年代的廣告成
果，以及免稅購物，香
水產業蓬勃發展。

1961~1981年
最早的「小眾」香水品牌成立：
Dyptique（1961年）、L'Artisan
Parfumeur（1976年）、Annick
Goutal（1981年）。

1966年
Dior推出「Eau Sauvage」
（清新之水），是含有二氫
茉莉酮酸甲酯（模仿茉莉花
香的化合物）的男性香水。

1985年
徐四金的《香水》出
版。

Dior推出「Poison」。

1991年
伊麗莎白·泰勒推出第
一款名人香水「White
Diamonds」。

1992年
Mugler推出
「Angel」，最早的美
食調香水之一。

1994年
中性香水CK One問
世。

名人香水與小眾的誕生

1990年代以各大時尚品牌推出的清爽的水感柑橘香調聞名，這些品牌像是Tommy Hilfier（湯米·希爾費格）、Calvin Klein，以及Issey Miyake（三宅一生），後者甚至將其最具代表性的香水命名為水，「L'Eau d'Issey」（一生之水），同時也孕育出另一個廣大的產業分之：名人香水。

Elizabeth Taylor（伊麗莎白·泰勒）的「White Diamond」（白鑽）是一款醛香與花香調的香水，1991年推出，由卡洛斯·班奈姆（Carlos Benaïm）打造，始終是最暢銷的名人香水，發行二十年來，估計銷售金額高達5400萬美元。近年來，名人打造了龐大的香氛帝國，最知名的兩大例子就是芭黎絲·希爾頓（Paris Hilton）和小甜甜布蘭妮（Britney Spears），分別以自己的名字行銷，推出25款和26款香水。

當產業的其中一面轉為在消費者身上大把撈錢的同時，香水產業中出現另一股規模較小的獨立力量：小眾香水。「香水是由渴望表達想法並擁有舞臺的人們所促成的。小眾品牌能做的，也就是主流品牌不能做的，那就是降低產量，如此就能夠承擔風險，做一些稀奇古怪的事。」吉爾貝特解釋。

Dyptique於1961年創立，是最早的小眾香氛品牌之一。後來像L'Artisan Parfumeur（阿蒂仙之香，1976年）、Annick Goutal（1981年），以及賽爾吉·盧丹詩（Serge Lutens）從1981年起為資生堂創作香水，後來推出自己的同名品牌。1996年，克里斯多夫·布洛席斯（Christopher Brosius）和克里斯多夫·蓋柏（Christopher Gable）推出真正的概念性香氛系列Demeter，以三款香水：Dirt（泥土）、Grass（青草）、Tomato（番茄）為出發點，重新創造晦澀曖昧的氣味，而非販售特定性別取向的浪漫幻想。

「概念性香氛隨著科技發展同時到來，不過這也是因為人們能夠以不同方式看待香氛了，香水不再只是裝飾，而是調香師譜寫的訊息，然後被我們的鼻子接收。這就像某人的瓶中信。」吉爾貝特如此解釋。

[1]

[2]

[1] Elizabeth Taylor的「White Diamond」是迄今最暢銷的名人香水。

[2] Dyptique（1961年成立）是最早的小眾香氛品牌之一。

然而，根據克拉凡所見，小眾品牌的起步有些艱難。「Calvin Klein和Tommy Hilfier的香水急起直追。突然間就出現這一波全新的狂潮以及對香水的熱愛，這個市場區塊的人後來就持續跟著香水潮流。不過香水迷並不是在這個階段才突然冒出來的。」他表明：「其實根本沒有所謂的小眾。小眾香水的知名度很低，過去人們因此不敢大膽嘗試，現今則為追求對獨特性而熱衷此道。」

[3]

2000年時，隨著Éditions de Parfums Frédéric Malle（佛德瑞克・瑪爾）品牌推出，調香師與香水產業整體的能見度改變了，這是第一個將調香師的名字印在標籤上，並在零售據點將調香師的照片陳列在其作品旁的品牌。「這是革命性的創舉，調香師的角色直到此時才真正獲得大部分人的認可，並受到明確定義。」克拉凡說：「現在所有的調香師都有自己的忠實追隨者，他們有點像老派電影明星的新版本，因為雖然大家都認識他們，卻鮮少真正看見本人。他們也有魔法師般的魔力，可以讓夢想成真，影響你的情感。調香師必須扮演心理醫師和精神科醫師的角色，以及許多其他角色。」

多虧技術的革新、對合成分子的接受度普及，以及調香師的藝術性逐漸受到認可，如今看似無窮無盡可能性的香氣結構都可能實現，2000年左右正式進入後現代氣味的時代。香水如今逐漸從性別取向的行銷與主流生產方式的限制中解放，網路知識普及與原料取得變容易，使接下來的數十年間，我們所認識的氣味再次改頭換面。

[4]

[3]　多款Serge Lutens的水晶玻璃香水瓶。
[4]　Éditions de Parfums Frédéric Malle是第一個將調香師名字放上瓶身的品牌。

當代工藝

二十世紀的每個年代都可視為擁有鮮明的氣味特色，從1950年代的女性化花香調，到1990年代的性別界線模糊的香氛，相較之下，氣味的後現代時期較難以描述。雖然2000年代中期有些像「東方花香調」（floriental，包含琥珀和檀香的溫暖、甜美基調的花香調香水）與沉香香水（含有香氣複雜、具異國氣息的沉香）等較明確的潮流，不過整體印象卻是破碎的。「要說『這很有2000年代的風格或氣息』實在太難了，因為潮流多不勝數。人們更加自由無拘束，正好象徵了全世界正在經歷的混亂。」小眾香水店先驅Les Senteurs的香氣檔案員克拉凡解釋。

愛開玩笑的獨立品牌「État Libre d'Orange」為「Divin'Enfant」（聖嬰）香水設計的形象廣告，靈感如品牌所說，是「千面變態」。

最初自立門戶的香水品牌永遠不會知道，香氣日後將成為一個商業帝國。全球香氛市場在2018年時價值515億美元，預計2024年時，這項數字將超過768億美元。而且創造巨大利潤的不只是用在肌膚上的香氛產品，2018年居家香氛價值70億美元，2024年時，預計價值將達到91億美元。頂尖區段的居家香氛市場正在經歷指數成長，因為對於高級香氛的鑑賞力影響了人們家中的氣味。

即使在草創初期，香氣已經是生活風格產品與藝術的繆思，不過，到了2000年代後期的局勢，氣味的角色早已超越單純的香水瓶和擴香境界。2006年，調香師安東‧李（Antoine Lie）創作了臭名昭彰的「Sécrétions Magnifiques」（浪蕩唐璜），這款評價兩極的香水模仿鮮血、汗水和精液的氣味。科幻藝術家露西‧麥克瑞（Lucy McRae）於2011年創作了〈可吞式香水〉（Swallowable Parfum）的表演藝術／美容藥

丸原型的計畫，想像未來人體可以變成香氛噴霧器。雖然精心打造的香氛與美妙的香氣仍占有一席之地，不過有一小群調香師、藝術家與創業家更期待將氣味從純淨的水晶瓶與解放出來，以氣味的心理層面的影響力衝撞大眾。

中性的勇氣

1994年，Calvin Klein推出由阿爾貝托‧莫里亞斯（Alberto Morillas）與哈利‧弗雷蒙（Harry Fremont）聯手打造的柑橘調香水「CK One」，同時向男性和女性行銷。過去香水的性別雖然對調過，但是這卻是首度正式以中性為行銷推出的產品。然而，直到2000年初期小眾香水爆紅後，「CK One」才超越社會性別範疇。歸根究柢，這點不僅因為敘事勝過行銷，更證明了小眾品牌由於通路有限，無法承擔劃分整個市場區隔的風險。

即便如此，這些品牌卻能以不同方式思考氣味。購買香水不再是全盤接受理想的男性或女性樣板，而是購買能等同於個性或心情的適合香氛，同時強調個人特質。若說有哪個香氣可以代表文青文化（無疑是2000年代的象徵），絕對非手工香水（craft perfume）莫屬。Le Labo的「Santal 33」（檀香33，2006年）與Escentric Molecules（古怪分子）的「Molecule 01」（2006年）尤其具代表性。

就語言方面而言，這兩款香水的名字都非常直接。「Santal」呼應最主要的香氣，「33」則是成分中所有香調的數目。「Molecule 01」是該品牌的處女作，香如其名，只有一種分子，那就是Iso E Super，是IFF註冊商標的香氣化學物質，特徵是雪松氣息。兩者皆沒有大膽的男性特質或魅惑的女性特質，反而令人聯想到在普羅旺斯的薰衣草田漫步或是菸味瀰漫的室內地下酒吧。兩款香水的名字已說明一切，剩下就交給嗅聞者自由詮釋了。

Le Labo的獨特賣點在於可依照顧客的選擇，現場混調香水，符合顧客想要的個性感。「Santal 33」風靡一時，《紐約時報》甚至在2015年特別寫了一篇專

[1]

[2]

[1]　Gallivant是尼克・史都華（Nick Stewart）
　　　推出以城市為靈感的香水系列。

[2]　Parfums Quartana的「Les Potions
　　　Fatales」是以有毒植物為靈感的系列。

[3][4]　薩默塞特府的「香水：當代氣味中的感知
　　　之旅」展覽。

文，標題是〈Santal 33無所不在〉。同時間，「Molecule
01」則代表人們對合成原料的態度改變了。合成原料曾
被視為天然原料的劣質替代品，然而卻出現一款香水，
毫不退讓地讚揚全然人造原料的美妙。「Santal 33」和
「Molecule 01」成為大眾對香氛認知演變的關鍵點。在
此之前，香氛主要被視為單純的產品，不過由於這些
香水，香水成為消費者討論的焦點。兩款香水引起眾
人共鳴，他們不想要普通的大眾市場香水，而是要挑
戰現狀。連主流品牌也無法否定手工香水的吸引力，因
為時尚公司紛紛推出自家的高級訂製香水，像是Armani
Privé、Prada Olfactories、Les Exclusifs de Chanel，以及Tom
Ford Private Blend系列。

　　近年來的性別運動，也呈現出中性香水變革的另
一個有趣篇章。如今，中性香水已經成為常態。然而克
拉凡也指出超男性化香水的捲土重來。「皮革調強勢回
歸香水界，與年輕男性的造型感蓄鬚復興的時間點不謀
而合，彷彿有股力量在抗衡社會的中性化與性別流動運
動。隨著抽菸逐漸成為禁忌，菸草調也重新回到香水
中。如果消費者感覺某些事物受到壓抑，這些事物將會
以其他方式顯現，像是社交習慣和配件。」

異味的擴散

　　做為對Le Labo和Escentric Molecules傲人成績的回
應，2000年代中後期見證了概念性香水系列的時代。
無論是以不同血型為靈感創作香氛：Blood Concept、
動物主題香水：Zoologist（動物學家）、靈感來自城市
的香氛：Gallivant，或是獻給有毒花朵的系列：Parfums
Quartana。光是當一個能創造迷人香氛的熟練調香師，
已經不足以誘惑小眾香水迷。

　　隨著更多前衛創作問世，多虧紐約的藝術與設計
博物館（Museum of Arts & Design）的「香氛的藝術：
1889~2012」展覽，以及薩默塞特府（Somerset House）
的「香水：當代氣味中的感知之旅」（Perfume：A
Sensory Journey Through Contemporary Scent）等展覽，
香氛的文化意義獲得認可。2016年，巴黎的香水博物館
（Grand Musée du Parfum）開幕，雖然壽命不長（2018

年7月已結束營運），在更廣義的層面上，成為香水鑑賞中的重要里程碑。曼蒂·艾佛帖兒於2001年出版的《香水的感官之旅——鑑賞與深度運用》、盧卡·杜林（Luca Turin）於2006年出版的《香氣的奧祕》（*The Secret of Scent*）、錢德勒·柏爾在2008年推出的《完美香氣》（*The Perfect Scent*），以及莉茲·奧斯洛姆（Lizzie Ostrom）在2015年出版的《香水：一百年的香氣》（*Perfume : A Century of Scents*），無數出版品一探氣味的多重面貌世界，無論透過歷史、產業動態、科學發現，或是其中的幽微之美。氣味先驅科學家托拉絲（Sissel Tolaas）在1990年代晚期不斷累積作品數量，開始推進媒介的界限。托拉絲的「城市氣味風景」（City Smellsacpe）研究計畫是與建築師、商業公司以及環保人士合作，捕捉超過五十座城市的氣味特徵。

她的「氣味記憶套組」（Smell Memory Kit）是一系列特別設計的安瓶，裡面裝有抽象的氣味，打開飄散出來後可創造全新的氣味時刻；2004年的裝置作品〈恐懼的氣味，氣味的恐懼〉（*The Fear of Smell-the Smell of Fear*）從經歷恐懼症發作的人們身上取樣體味。在企集團業方面，許多公司意識到氣味強化消費者與品牌連結的潛力，因此Future of Smell和DreamAir等公司，皆提供氣味空間與消費者體驗的專業諮詢與客製化服務。

自製香氛

小眾香水引起人們渴望了解原料與創造香氣的相關知識，數位革命正好迎合這份需求，進一步使香氛普及化，揭開千百年來香水產業的謎樣面紗。

現在較容易接觸到香水產業運作的資訊，而且多虧Bsenotes和Fragrantica等網站，香水愛好者也形成線上社群。YouTube頻道為所在地較遠的香水迷提供第一手香氣經驗的內容，有助於關於香水發行的討論。過去原料僅透過IFF或芬美意為大眾市場公司提供，現在已為自製香氛創作者販售小分量。凱倫·吉爾貝特（karen Gilbert）與莎拉·麥卡尼（Sarah McCartney）

等調香師以及Experimental Perfume Club等公司皆有工作坊，教授業餘香氛愛好者關於創作香氛的全面知識。

過去「調香師」的頭銜通常僅限在知名機構接受正式香水教育的調香師，例如格拉斯香水學院（Grasse Institute of Perfumery），不過現在自學調香師也逐漸崛起。瑞典香氛品牌Byredo創辦人班·格羅罕（Ben Groham）從未接受正式訓練。但是透過與調香師奧莉薇亞·吉亞科梅蒂（Olivia Giacometti）與傑侯姆·艾彼內特（Jérôme Epinette）合作，打造出獲得成就傲人的香氛帝國。D. S. & Durga是音樂人大衛·賽斯·莫爾茲（David Seth Moltz）與建築師凱薇·莫爾茲（Kavi Moltz）的心血結晶，現在在世界各地的精品店中與其他高級香水品牌平起平坐。

「大家都對香水的知識變得非常豐富，這樣真的很棒，讓接觸機會更對等。自學調香師相當有意思，這就像回到千百年前，每個中上層家庭中都有自己的小型蒸餾間和簡單的調香室。」克拉凡說。

[3]

[4]

Zoologist香水是以動物為靈感的加拿大香水品牌。

返璞歸真

健康安全法規不斷緊縮，限制了調香師能使用的原料種類，這點仍是香氛產業中的討論焦點。然而，消費者對於在皮膚上使用化學成分的意識提高，使得Aftelier、Hiram Green和April Aromatics等有機和天然香氛品牌再度流行。

「品牌盡力而為，特別是小眾市場，促使人們對所做的一切發揮更多創意。老牌經典作品再也不是原來的面目，這固然令人難過，不過也迫使人們朝新方向前進。」克拉凡這麼認為。État Libre d'Orange於2018年推出的「I Am Trash－Les Fleurs du Déchet」（荒蕪果實）就是一例，使用升級再造的精油製作。不過

完全天然的香氛未來卻未必可行。

「天然不代表安全。植物本身就像一座化學工廠。玫瑰植株生產數百種化學物質，某些並不安全，而且絕大多數的自然界物質並非以適合用於人類皮膚上的精油形式存在。」吉爾貝特指出：「不僅如此，從永續觀點而言，根本沒有足夠的土地讓每一支香水都以百分之百天然原料製成。」

香水愛好者之間的最新潮流，並非對定義上的天然氣味感興趣，而是感覺層面的天然氣味，包括近來對Papillon Perfumery的「Salome」（莎樂美）等香水的狂熱，這款香水再度引發關於骯髒氣味的爭論，因為令人聯想到未經清洗，而不是潔淨清爽的肌膚。「香水使用者中的年輕族群現在特別喜愛骯髒氣味和動物

網路時代
1990年代

各時代的氣味

1992年
三宅一生發表「一生之水」，是1990年代水生調香氛的代表作。

1994年
克里斯多夫·布洛席斯和克里斯多夫·蓋柏推出Demeter，是概念香氛品牌的先驅之一。

1995年
法蘭西斯·庫克吉安為Jean-Paul Gaultier創作「Le Mâle」（裸男），推出以來一直是男性香氛的暢銷款，也是「都會型男」香水。

人工智慧時代
2010年後

2011年
露西·麥克瑞發想出可吞式香水膠囊，可讓人體化為香氛噴霧器。

2012年
錢德勒·柏爾策劃《氣味的藝術》，在藝術與設計美術館展出。

2014年
雅詩蘭黛收購Editions de Parfums Frédéric Malle和Le Labo，成為最早收購小眾香氛品牌的企業集團。

「I Am Trash－Les Fleurs du Déchet」，以升級再造的精油製成，表達香氛中的永續性。

社群媒體時代
2000年後

2000年
Basenotes問世，是最早的線上香氛論壇之一。

2004年
Sniffapalooza成立，是香水迷的年度（官方網站寫兩年一度）盛會，為非業界人士提供更廣泛的香水對話。

2006年
安東・李推出「Sécrétions Magnifiques」。

格札・舍恩創作了「Molecule 01」。

Le Labo推出「Santal 33」。

2007年
Tom Ford推出自己的Private Blend系列，是最早推出手工香氛系列的時尚品牌之一。

線上香氛指南Fragrantica問世。

2016年
巴黎香水博物館與薩默塞特府的「香水：當代氣味中的感知之旅」開幕。

2018年
以升級再造精油製成的香水「I Am Trash－Les Fleurs du Déchet」上市。

IBM打造一款名為「Philyra」的機器學習演算法，可獨立創作香水。

氣息的麝香，他們想要的是能引發討論的香氛。」克拉凡補充。

　　渴望「真實」的氣味也被視為對重度數位化世界的反應。「現在人類已經到了與動物世界毫無連結的地步。氣味很可能是人類和動物之間最後的連結，因為氣味確實可以激發所有我們無法完全掌控的情緒反應與直覺。」克拉凡解釋：「小眾市場的成長主要來自於此：人類試圖回歸動物性。沒有使用體香劑、未經清潔，毫無政治和道德正確的最根本人性。」

未來的邊界

　　近來如Maison Francis Kurkdjian等被LVMH集團收購，現在連獨立品牌也變成大公司了。獨立品牌融合形成大眾市場公司，正好體現新一代調香師面臨的兩難。小眾市場不得不自我挑戰，才能恢復先驅的地位。

　　「過去十年間，所有想做手工香氛系列的人都加入了小眾香水界，但是除了分銷，並沒有以任何形式或定義實現小眾的精神。」吉爾貝特如此認為：「不僅聞起來不特別，也沒有努力傳達任何有趣或新奇的東西，就只是想成為昂貴好聞的香水。現在獨立產業回歸，再度著手創造充滿趣味的事物了。」

　　我們無法得知香氛產業未來的樣貌。一方面來說，由於如「鳶尾衍生物」（Orriscience 8 Irone）這類合成原料越來越豐富，加上越來越容易取得相關知識與線上零售原料，香氛的前途一片光明。另一方面而言，香氛的未來也充滿不確定性，因為在不斷擴張並且以革新的模式研究氣味的品牌與公司汪洋中，要在創意方面脫穎而出將極具挑戰性。隨著在藝術與消費者領域中的人工智慧生成香氛的發展、極度個人化的香氛顧問服務，以及氣味的跨領域垂直整合，接下來的氣味時代或許將會是前所未有地令人期待。

Papillon的「Salome」等香水見證了動物調麝香的復興。

香調家族4
馥奇調Fougère

　　馥奇調總是以薰衣草、岩薔薇、岩蘭草、橡木苔和香豆素的混合為特色，此香調的名稱來自法文的「蕨類」，代表以傑出調香師保羅・帕爾克於1882年為霍比格恩特創作的「Fougère Royale」風格類型的香水。當時發現分離出香豆素的方法（這是零陵香豆中的香氣化學化合物），因此帕爾克率先在香水中使用合成香料，為馥奇調增添特有的新鮮紮捆乾草香氣。「Fougère Royale」原本是設計為女性香水，後來成為講究穿著的男性的愛用香水，此後主要與男性香水有關，不過許多現代香水品牌重新引入馥奇調，加強香豆素較甜美的香草風味，或是加入花香調，做為中性或「無性別」香氛。

　　穿用馥奇調香水，就像穿越一座有清涼樹蔭的森林，身旁盡是蓊鬱綠葉，踏在落葉的腳步悄然無聲，溼潤泥土的甜美氣息，以及雨後喚醒的隱密綠意。乾燥、帶胡椒氣息的薰衣草可用明亮辛辣帶花香的柑橘調增加朝氣；岩薔薇的木質玫瑰香氣與白松香融為一體，白松香是產自阿魏屬（Ferula）植物的芳香樹脂，氣味有如花店、折斷的花莖、冷水，充滿樹液的苦澀綠色氣息。以這種方式調香，馥奇調就會偏香料調（aromatic），也就是馥奇調家族的分支，包含香草植物、可食葉片，以及葡萄柚、檸檬、萊姆等柑橘類水果調性。馥奇調帶有整潔但毫不刻意的氛圍，彰顯出眾品味，是低調從容、自信洗練的香味。

尼（Pierre Wargnye）精心創作，是一款超級男性化的香氛，混合薰衣草、芫荽（coriander）、杜松子、檸檬、皮革、冷杉、岩蘭草、橡木苔。

馥奇調代表性香水：
Guy Laroche（姬龍雪）的「*Dakkar Noir*」（黑色達卡）

「Dakkar Noir」於1982年發行，推出時，市場反應兩極，是該年代最具決定性的男性香水，符合1980年代的大膽時尚與香氛風格。由調香師皮耶・瓦爾

Le Labo

客製化的創作

法布里斯・培諾（Fabrice Penot）和艾杜瓦・洛奇（Edouard Roschi）是革命性香水「Santal 33」背後的創意發想人，這款香水開啟了中性小眾香水世界的全新世代。即使現在名利雙收，這兩名在香水產業中少年得志的品牌創辦人，十多年來仍保有精力充沛的創意願景。

[1]

[2]

2006年，培諾和洛奇僅憑靠自己的存款和創作高品質香水的夢想，創辦了Le Labo，從未料到自己正在打造小眾香水界最偉大的成功故事之一。他們在世界各地深受喜愛，因此Estée Lauder於2014年收購了公司。「對創作者而言，自己的願景受到他人肯定當然很棒，這是要花時間的，因為我們剛成立品牌的時候沒人相信我們，不過，產品的藝術道德與不願妥協的精神終於引起顧客的共鳴。」培諾說：「我們從來沒有試圖說服任何人相信什麼，就只是每天到工作的地方，並且努力讓大家開心。」

雖然品牌被收購，並且獲得巨幅成長，培諾和洛奇仍試圖維護Le Labo的創意理念。「我們一直在抹消各種界線，即使既有模式已經獲得肯定，還是必須持續這麼做。大眾或小眾不是重點，而是要讓人們感覺特別，讓大家的生活更美好。只要能做到這一點，無論營業額有多少，我們就算成功了。」他如此解釋。品牌提供的產品已經拓展至18款香水（包括13款城市限定香氛）、11款蠟燭、造型品，以及植物性身體、肌膚、秀髮護理系列，每次推出新產品都是自然而然地拓展他們的願景。

Le Labo的某段品牌宣言這麼寫道：「我們認為香水款式太多，有靈魂的香氛卻太少。」最好的例子就「Santal 33」，是調香師法蘭克・佛柯爾（Frank Voelkl）的創作，混合檀香、莎草、雪松與皮革，2006年推出時，對業界造成巨大深遠的影響，催生出一群狂熱追隨者，占領許多頭條。「『Santal 33』簡直是奇蹟，具有某種普世性，超越性別、超越國籍、超越文化。看來我們觸碰到某種和弦，使所有人為同樣的理由而感動。是什麼樣的香水，在你的媽媽和男朋友身上都能展現相同的迷人魅力？這點很神奇吧。」

[1]　品牌位於紐約諾利塔（Nolita）的店址，是Le Labo全球56間直營店的其中一家。
[2]　員工手工混合顧客在現場選定的香水。

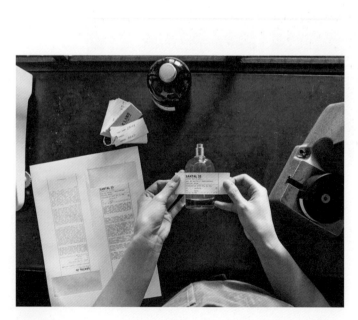

[1]

吸引顧客的不只是Le Labo的香水或時髦又現代的藥局風格美學，更是因為品牌的零售概念。顧客選定一款香水後，這款香水會在現場製作，加上量身打造的標籤，標明地點、日期與客戶姓名。雖然香水本身的成分是事先做好的，不過在最終階段的客製化舉動，才真正引起找尋專屬香水的族群共鳴。然而培諾很快就強調，香水瓶中的內容物依舊是最重要的元素。「說到個性化和客製化，我認為這確實是我們成功的一部分，但僅是非常小部分。說到底，瓶中香水的品質才是真正成功的原因。」他說。

有鑒於Le Labo在香水業界的地位（全球各地共有56間獨立店面），自然也想知道培諾與洛奇如何看待自身座落在小眾與大眾市場的分野。「現在我們的事業變得很忙碌，當然會感覺小眾已經是新的大眾市場。不過有香水產業經驗的人仍是一項優勢。」他解釋。正是因為對初心擁有堅定不移的奉獻精神，無視業界的預測或特定潮流，才使得他們的品牌始終處於顛峰。「事實是，過去十三年來，我們一直著重工藝，關注如何盡我們所能做出最精采的香水，在安靜又充滿趣味的環境中販售，克制心中的迷惘與慌亂，盡量不要在已經截然不同的市場中與他人比較，也不要太刻意地自我定位。」培諾說：「我們有自己的小小世界，而且決心要繼續進行這個事業，不受任何潮流干擾，即使我們的品牌現在很紅。」

[2]

我們一直在抹消各種界線，即使既有模式已經獲得肯定，還是必須持續這麼做。大眾或小眾不是重點，而是要讓人們感覺特別，讓大家的生活更美好。

[3]

[1]　每一瓶香水都在店內封瓶包裝。

[2]　最終步驟：替混合好的香氣貼上客製化標籤。

[3]　Le Labo的每一款香水都是以主要原料與使用的香調數量命名。

香水檔案

產業中的關鍵角色

遠在我們決定要捕捉自然的香氣，將之放進瓶子裡以前，香水就已經瀰漫在人類文明中。自古以來的香水歷史中，許多重要參與者為香水產業帶來貢獻，以下幾個就是我們認為值得受到更多認可的參與者。

被忽視的英雄：蜜蜂
女化學家：塔普蒂－貝特卡利姆Tapputi-Betekallim
蒸餾家：阿維森納Avicenna
香水瓶設計大師：荷內‧萊儷René Laligue
AI演算法：Philyra

被忽視的英雄：蜜蜂

　　關於大自然的原料已經有許多討論。香草植物、果莢、根部、花朵，全都是打造出色香水的必要原料。少了這些了不起的材料，我們的世界一定會乏味許多（至少就風格與香氣層面而言）。我們總是把鮮豔芳香的花瓣視為理所當然，卻絕少給予鄉間的貢獻者認可，這些維持生命週期運作的生態小尖兵，正是蜜蜂。

　　蜜蜂並沒有受到任何指令，純然受到為女王蜂與蜂群奉獻的本能驅使，同時在不知不覺中為世界付出，這些美妙的小昆蟲肩負起每天為全世界眾多花朵授粉的工作。長著翅膀的蜜蜂總科（Apoidea）迷你成員，演化出炫目的舞步，從一朵朵鮮花的雄蕊到雌蕊，運送細小的配子體，在飛躍樹林與田野的同時，辛勤創造生命。

　　蜜蜂本身擁有絕佳的嗅覺，甚至與香水產業中最頂尖的「鼻子」（nose，意即「香水師」）相比也毫不遜色。守衛蜂能嗅出陌生蜜蜂的氣味，防止牠們入侵，蜜蜂也使用費洛蒙溝通。新堡大學（Newcastle University）生物學院的科學家甚至發現蜜蜂可以辨別與好壞回饋有關的氣味，德國警察就利用這點訓練偵查蜂，找出藏起來的毒品。

　　世界上約75%的花朵，也就是超過兩萬個物種，仰賴蜜蜂授粉，我們吃下肚的食物中，有三分之一要感謝蜜蜂的辛勤勞動。蜂群衰竭失調症（colony collaose disorder, CDC）是原因不明的混亂狀況，最可能的原因是由於農業中使用過多殺蟲劑，每年造成近40%的蜜蜂死亡，如果蜜蜂的數量持續劇烈下滑，很可能導致未來人類失去世界上的大部分農作物，而與本書更相關的後果，則是再也沒有天然香水了。

[1]　絕少受到讚揚的蜜蜂，卻是香水中所使用的花類最關鍵的授粉盟友。

[2]　蜂群衰竭失調症正以空前的速度造成蜜蜂死亡。如果此狀況持續下去，蜜蜂將會面臨滅絕，也會是香氛產業的重大問題。

女化學家：塔普蒂－貝特卡利姆（Tapputi-Belatekallim）

[3]

既然說到絕少受到認可，甚至沒有獲得認同的人，就讓我們來聊聊香水產業中的女性吧！雖然女性在歷史上主導所有香水銷售的市場占有率，但是在大部分的歷史中，調香師的角色卻為男性專屬（一如千百年來大部分的有薪工作）。儘管如此，早在公元前1200年，女性就在這一行占有重要角色。

當時的兩河流域還是文明的搖籃，某位巴比倫化學家脫穎而出。她的名字是塔普蒂－貝特卡利姆，為皇室製作香水。她負責創作量身打造的香氛，不僅氣味芳香，也具有彩妝、健康與宗教用途，這項傳統到今天仍未改變。

雖然從現代的伊朗／伊拉克出土的楔型文字泥板上清楚出現她的名字和角色，她的私人生活卻鮮為人知。最重要的紀錄，就是她製作皇室油膏的詳細配方，描述她如何結合油類、菖蒲（calamus）、莎草、沒藥、香脂（balsam）、鮮花以及水，放入可能是最古老的蒸餾器／過濾器中，調配出真正適合國王的香氛。製作過程中，她由另一名名字已佚失的化學家陪同，後者留下製作香氛的步驟指南。他們利用許多萃取技法一起創造出酊劑和精華素（essence），都是現今仍適用的方法，如冷脂吸法與蒸餾法。

[3]　塔普蒂－貝特卡利姆是偉大的科學家，圖中所示為早期的香水蒸餾程序。

蒸餾家：阿維森納

[1]

阿維森納可說是文藝復興之前的文藝復興人士，他的出生地在波斯，與前面提到的女性調香師相同。在他博學的成就中（包括眾多關於天文學、物理學、幾何學、醫學和神學的書籍與出版品），《治療之書》（*The Book of Healing*）與《醫學大典》（*The Canon of Medicine*）兩套百科詳細記載治療各式各樣疾病的不同配方。

部分配方運用蒸餾法，是當時相對較新穎的技術，最早由化學家賈比爾（Jabir ibn Hayyan）和《香水與蒸餾法化學之書》（*The Book of the Chemistry of Perfume and Distillations*）的作者艾肯迪（Al-Kindi）提出。這項工法後來透過阿維森納之手改良至完善，他的研發成果仍是現今香水產業習慣使用的方法。

他研發與改良的確切程序就是蒸氣蒸餾法，用來製造精油，做為不同病症的處方，是早期芳香療法的一部分。他的作法是以轉變物質的鍊金術模式為基礎，是現代鍊金術的前身。玫瑰水就是他最出色的產品，具有殺菌消炎特性的化合物，從古代就療治療皮膚感染、溼疹、面皰，以及其他許多病症。

[1] 中東在歷史上向來走在革新的最前端。偉大
　　的思想家阿維森納率先發展出蒸氣蒸餾法，
　　是現今仍使用中的工法。

[2] 阿維森納的眾多書寫包括詩作與文學出版，
　　以及哲學沉思與科學配方。

香水瓶設計大師：荷內・萊儷（René Lalique）

最早的香水是存放在陶甕中，不過敘利亞人發展並改良了製造玻璃的技術，因此埃及人、希臘人、羅馬人全都選擇玻璃瓶保存珍貴的液體香水。雖然有些玻璃瓶的裝飾還算華麗，不過，一直到法國玻璃吹製大師荷內・萊儷出現後，才讓香水瓶成為真正的藝術品。

萊儷生於阿伊省（Aÿ），進入巴黎的裝飾藝術學院（École des Arts Décoratifs），並到英格蘭席德納姆（Sydenham）的水晶宮藝術學院（Crystal Palace School of Art）學習。他在Cartier（卡地亞）和Boucheron（寶詩龍）等頂尖高級品牌的擔任珠寶設計師磨練手藝，後來才自由接案，並開設自己的工作室，專心創作新藝術風格的作品。他的藝術作品包括充滿裝飾的教堂和宴會廳，甚至設計車頭標誌，妝點全歐洲的眾多汽車。

二十世紀初期，萊儷認識了調香師兼商人法蘭索瓦・科蒂，科蒂請他為自己的香水設計一系列極富裝飾感的瓶子，限量生產。每一件都是藝術品，很快便風靡歐洲上流階級。其他時尚與化妝品公司，也順水推舟委託他設計獨家作品。其中最奢華繁複的水晶作品收藏於世界各地的設計美術館中，他的品牌至今仍非常活躍，為Nina Ricci等品牌以及自家香氛產品線生產瓶子。

[3]

[4]

[3] 從土罐到富裝飾性的水晶，美化香水瓶的功勞非法國人荷內・萊儷莫屬。

[4] 萊儷的優美創作將香水容器提升至收藏家爭相追求的藝術品，今日仍是非常搶手的設計品。

AI演算法：*Philyra*

　　迅速發展的科技幫助香水產業突飛猛進，集團與客戶皆受益不少，不過也許我們從未想像過，有一天這些發展竟然會走到研發新配方。過去幾年間，IBM研究院的實驗室與香精香料生產公司領頭羊德之馨合作，開發出一款人工智慧模型，在分析無數配方、產業趨勢與原料可行度後，運算出新的化合物組合。

　　有些人認為製作香水是藝術，有些人則認為是科學。後者很可能會站在Philyra這一邊，Philyra是以先進機器學習為基礎的資料驅動系統，可分析將近兩百萬種香水的成分與辨識模式，使其能夠生成充滿創意的全新混合。Philyra透過仔細研究數據集，決定高級香氛、居家照護與美容保養各領域的最佳香氛。這點可讓公司有效率地為量身訂製產品有興趣的族群打造香氛。想要讓你的品牌吸引喜歡電子樂的年輕北美純素人士嗎？配方就交給Philyra吧。

　　到目前為止，Philyra已經創作出兩款香水，包括一款為巴西第二大美妝公司O Boticário製作的香水。不過即使Philyra研究過無數市場喜好，以便推薦並創新香氛，最終成品仍是由香水師混合，確保原料的組合能夠真正吸引人類。Philyra是絕佳的工具，但除非電腦擁有嗅覺，否則無法真正取代頂尖調香師。

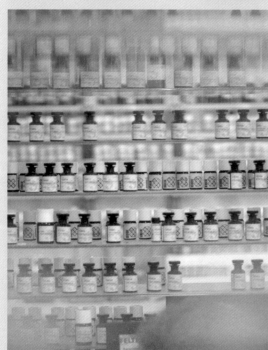

[1]　IBM發展人工智慧系統，調香師將能夠使用該系統設計更複雜的香氣。

[2]　透過複雜的演算法，Philyra能為新的香氛產品提供極為明確的配方。

香調家族5
木質調Woody

　　大部分的香水，都會使用到珍貴木材，由於其萃取物的分子結構較重因而較持久的特質，通常做為基調。香氣在肌膚上的變化中，木質調能為最後階段帶來圓潤溫暖的柔順尾韻。歸類在木質調的香水，會從頭到尾展現並強調木質的迷人特色。通常會混合數種不同類型的木香，運用每一種木香的不同個性，打造氣味層層交疊的質地。雪松、檀香、沉香（又稱烏木oud）、癒創木是最常使用的原料，或許會搭配岩蘭草和廣藿香增添大地氣息。有時則加入辛香料以增添溫暖感受，或以香草強調甜美。木質調與西普調香氛有許多共同處，但少了西普調的豐盈花香；若加入辛香料與樹脂，則會近似異國琥珀調香氛。

　　依照所選用的木種，木質調香氛可以是乾燥冷峻，類似削鉛筆的氣味（雪松），淡淡奶香或濃厚奶油味（檀香）；蜂蜜與菸草氣味或是深沉的皮革氣息，有如剛剛奔馳、停下腳步仍在喘氣的馬兒（沉香）。印度檀香（學名*Santalum album*），是公認品質最適合製作香水的檀香，這也導致惡性開採。現在印度檀香是受保護的物種，越來越多調香師使用較容易取得的澳洲檀香（學名*Santalum spicatum*），麝香氣息較濃，相較於印度檀香的柔和奶香，帶有明顯的樹脂煙燻甜美氣息。穿用木質調香水，就像被宗教儀式的安全感與靈性平靜圍繞，是溫柔的療癒感。

木質調代表性香水：
Comme des Garçons 的「Wonderwood」（木之奇景）

「Wonderwood」呈現一整片森林，包括檀香、癒創木、維吉尼亞雪松、沉香木、柏樹，蕩漾在溫暖黏稠、帶樹脂氣息的廣藿香與富草味的岩蘭草間，帶來強勁濃郁的木質體驗，胡椒氣息的尾韻縈繞不散。

香氣的經濟

世人對氣味越來越講究。隨著許多國家發展、社會進步,對於擁有可支配所得的人民而言,散發宜人氣味成為數一數二的重要事項,而大公司也注意到這點。以下簡略介紹不斷成長的市場。

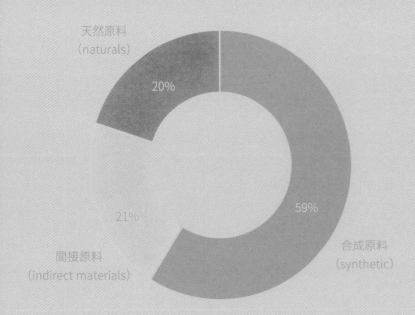

天然原料
(naturals)

20%

21%

間接原料
(indirect materials)

59%

合成原料
(synthetic)

香氛產業供應鏈的支出類別分解圖

數字遊戲

日出時分在格拉斯山丘上，手工精挑細選採摘掛著朝露的茉莉花，這幅浪漫景象想必是香水行銷公司的最愛。然而這座聯合國文化教科文組織（UNESCO）認證的中世紀法國小鎮，夾在山脈與大海之間，占地約40公頃，已完全無法容納目前總值439億美元的全球香水市場。

無論氣味透過大腦邊緣系統處理時，發生了什麼樣的奇妙嗅覺變化，這就是一門商機無限的大生意，而且幾乎被極少數巨大但不透明的集團所掌握：奇華頓、IFF、德之馨和芬美意又稱「四巨頭」，不僅負責全球各地機場內免稅商店成排貨架上的世界知名香水，也有我們日常生活中會遇到的各種氣味，從牙膏、殺蟲劑，到家具拋光劑。它們共同主導一半以上的市占率，擁有大批化學巫師以各種方式玩弄分子，創造各式各樣工業製造的氣味，從去漬劑到最高級的香水，以販售給巴黎萊雅或雅詩蘭黛等知名公司。

在身上噴灑醛類（「Chanel No.5」的主要原料）或「Cool Water」（冷泉）的基底二氫月桂烯醇（dihydromyrcenol）聽起來可能不如玫瑰花瓣迷人，不過現今絕大多數的香水出於划算的經濟考量，都混合了合成原料與天然原料：典型的合成香料可能成本為每公斤50美元，生產典型的天然原料成本則接近每公斤500美元。

烏木油這類最珍貴的原料，依照不同純度，價格可達到每公斤3萬美元的天價，令人瞠目結舌。天然原料的需求量相當驚人，一公升「J'adore」（真我宣言）含有一萬朵鮮花，不過對許多消費者而言，在配方中撒下魔法的正是這些原料。除了不斷調整修改四千多種運用在香水中的化學原料，奇華頓與其競爭對手也是遍布世界各地的廣藿香或依蘭依蘭等珍貴原料的供應商，毫不在乎跨國公司與商業盈虧。原料可能生長在容易遭天災襲擊、天候條件難以捉摸，或是政局動盪的國家，這些全都會劇烈影響原料的產料與品質。

岩蘭草是海地的珍寶，交纏的根部可以製成蜂蜜色的油，做為無數香水的基底。「在任人唯親的杜瓦利埃（Duvalier）暴虐政權下，海地的岩蘭草農夫遭到國家壟斷。」香氛記者布里奇（Eddie Bulliqi）說：「即使岩蘭草可高價出口，政府也能從中獲得利潤，政府卻強迫他們進行不利的交易、操縱價格，並且妨礙產業成長。」

今日，在氣候變遷方面，海地是全世界最深受其害的國家之一，全球三分之二的香草產地馬達加斯加亦然，2017年熱帶氣旋襲擊該島時尤其突顯此一事實。「當時的氣旋過後就是旱災，摧毀了許多香草種植地，導致價格飆漲。」布里奇說。同時間，全球90%的廣藿香來自印尼，該國卻面臨地震與海嘯，格拉斯脆弱的微氣候也收到影響，2019年的法國冬季特別漫長，妨礙甚至凍死較早形成的玫瑰花苞。

當然，一瓶香水的售價中，「香水原精」（juice）本身僅占3%。大部分的成本都花在包裝和廣告上：也就是創作出魅力足以讓消費者掏出皮夾的影像。2018年共推出2012款新香水之中，僅有少數會在商場中存活下

來，更不用說能定義一個時代，例如1980年代香氣嗆鼻的「Giorgio」（出自「Giorgio Beverly Hill」），氣味強勁到紐約某些餐廳甚至掛出告示牌，上面寫著「禁止抽菸，禁用Giorgio」。

近年來，可能令人聯想到閃電交加的暴風雨中的美國德克薩斯州馬爾法（Marfa）的沙漠空氣，或是以小妖精樂團（Pixies）為名的小眾香水，皆以獨樹一格的魅力誘惑千禧世代的消費者，大眾名人香水的銷量則大幅滑落。

「小眾香水透過Byredo和Le Labo等品牌帶起買氣後，已經勢不可擋。」布里奇說：「小眾市場的價值改變了整個產業，使其朝向透明化與具藝術性的敘事，反映出現代消費者的想望。」小眾香水往往較昂貴，不過

2016年全球頂尖美妝香氛公司總收入（單位為百萬歐元）

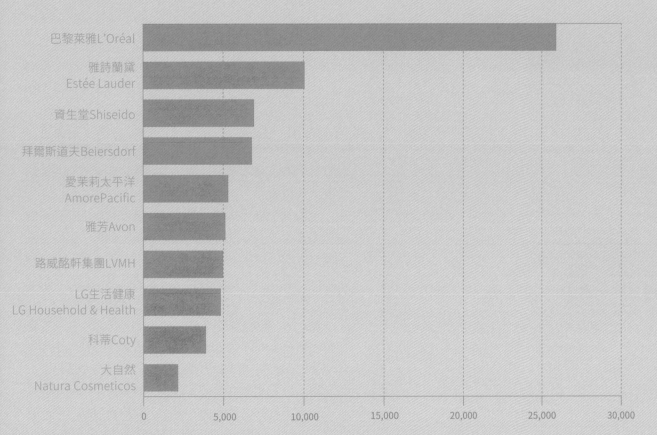

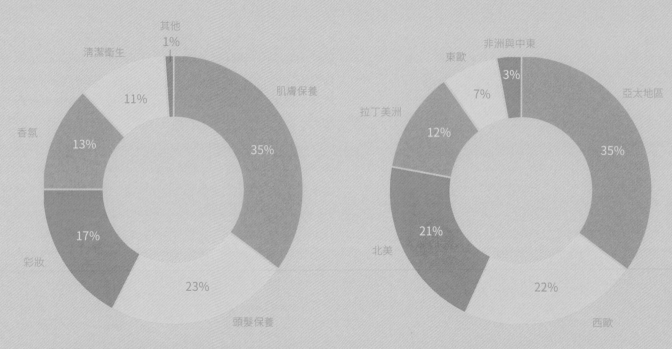

其他
1%

清潔衛生

11%

肌膚保養

35%

香氛

13%

彩妝

17%

23%

頭髮保養

全球美妝之產品與地理市場區隔

非洲與中東

東歐

3%

7%

亞太地區

拉丁美洲

35%

12%

北美

21%

22%

西歐

在2008年經濟衰退後的數年間，奢侈香氛的銷量反而比較便宜的品牌成長更迅速，這就是之前曾經發生過的「安全性轉移」。

　　至於在全世界氣味最迷人，或者在香水上花費最多金錢的國家當中，美國是最大的香氛消費國，全球香水用量最大的巴西則緊追在後。事實上，香水是巴西日常生活的一部分，因此巴西人經常性地在尋找新奇特別的香水，也難怪人工智慧設計的香水首先在巴西測試。

　　拉丁美洲的香氛市場成長最迅速，不過，在可支配所得不斷增加的開發中國家，例如印度，2018年奢華香氛品牌Creed在當地開設首間店鋪，當然還有中國，其人口超過十億，還有追求經典款以外的獨特選擇的年輕世代。但是還有其他被忽略的地區，或許會在接下來的幾

年指出更明確的方向。「撒哈拉以南的非洲絕少受到討論或投資，卻擁有龐大年輕族群，而且有使用大量香水的傳統。這就是產業在未來應該、並且務必吸收忠誠度的地方。」布里奇說。

這些未開發的市場，在2025年之前，預計將可為全球香氛市場帶來524億美元的巨大利潤。這些利潤絕大部分不再屬於在土地上耕耘的農人。如今化學公司越來越受注目，隨著消費者的興趣轉向小眾產品與追求產業透明度，他們也合理要求供應鏈以較具道德的生產方式與長期永續發展。

成功的氣味：成長中的市場

2007年《華爾街日報》的一篇文章作者帕薩利耶洛（Christina Passariello）指出香水銷售量衰退，她認為原因出在「氣味過剩」，也就是彼此競爭的香水太多了，而奢華香氛的銷售減緩。該篇文章囂張地以〈為何香水產業開始發臭〉為標題，突顯香水全球產業前一年度的總收入僅提高了3%，銷售額達到180億美元。

快轉到十年後，小眾與獨立品牌如雨後春筍般冒出，看似要塞爆理應早就飽和的市場，不過，根據市調公司Fact.MR的報告，2017到2022年，全球香水市場預計可達到6.2%年均複合增長率，亦即銷售額700億美元。

帕薩利耶洛描述香水業的嚴酷前景時，並無預知到社群媒體的崛起，以及對打造超級有型、追求有機、鍾愛文藝氣息的消費者，願意為量身打造的香水付出額外費用。這個世代也是頂客族（DINK）現象的一部分：雙薪家庭、沒有小孩、現代社會伴侶關係，該族群在健康方面的花費毫不吝嗇，包括帶有社會、美感與療癒益處的香氛。

也沒有任何人能預料到，2007年亞太地區的漲幅會超越北美，而中東和非洲很可能由於該地區近來政局不穩定，顯示出有史以來最低的年度成長率。

會仔細觀察這些數字的當然非主要香水公司莫屬，從較有名的雅詩蘭黛集團和香奈兒國際公司（Chanel International S.A.），到較偏產業面的芬美意與奇華頓（兩者皆創立於1895年，是兩大市場領導者，專精合成

香料原料的科學創新）。

　　這些公司是大型集團中的菁英，擁有國際化的複雜產業鏈結構，使它們得以創造並生產絕大多數的全球大眾市場香水。在眾多帶有氣味的產品中都能發現它們的作品，從去汙洗衣精、風味優格、洗髮精等消費者香氛，到香水或蠟燭中的高級香氛，深入各個場所，包括超市、旅館、時尚精品店、機場、購物中心。

美國精油市場規模，以地區表示，2017與2022年（單位為千噸）

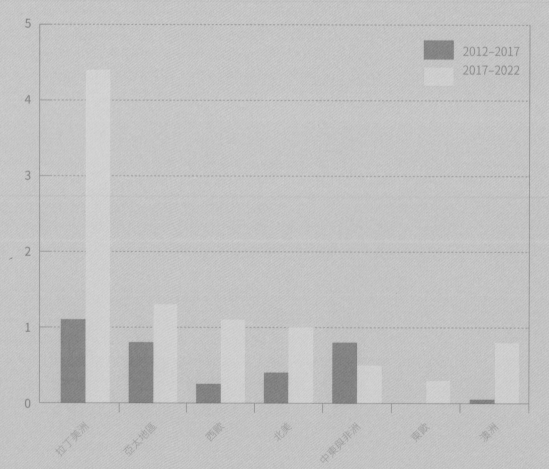

根據2018年銷量的市場四巨頭銷售統計：

奇華頓

韋爾涅，瑞士

銷售額55億美元，與前年同期比較成長5.6%

重點領域：天然香料、身心健康、活性美容

芬美意

日內瓦，瑞士

銷售額37.5億美元，與前年同期比較成長9.6%

重點領域：香水、食用香料、原料

IFF（國際香精香料公司）

紐約市，美國

銷售額40億美元，創下17%的歷史成長紀錄並逐年成長

重點領域：天然香料、身心健康

德之馨

霍爾茨明登，德國

銷售額34億美元，與前年同期比較成長5.3%

重點領域：調味香料、美妝原料、食品、寵物食品

香水原料的地理產地

北歐1

加拿大 12

英國26

法國4, 1

美國5, 12

摩洛哥28

墨西哥 33, 34　　　海地 35

薩爾瓦多 27

委內瑞拉 32

哥倫比亞 31

秘魯 27

巴西 32

1 歐白芷	4 苦橙	7 岩薔薇	10 丁香	13 白松香	16 茉莉
2 安息香	5 河狸香	8 麝貓香	11 尤加利	14 梔子花	17 薰衣草
3 香檸檬	6 肉桂	9 快樂鼠尾草	12 冷杉	15 天竺葵	18 檸檬香茅

俄羅斯 5, 12

保加利亞 28

3, 23　土耳其 28

7, 9, 17, 29

伊朗 13

西藏 20

中國
4, 6, 14, 16, 19, 20

尼泊爾 8

阿曼 22

印度
4, 16, 20, 21, 24, 30, 35

菲律賓 36

衣索比亞 22　索馬利亞 22

斯里蘭卡 35

葛摩 36

大溪地 34

印尼 2, 10, 24, 25, 30, 35

馬達加斯加 13, 34, 36

非 8, 15, 18

澳洲 11, 18, 30

19 橘子	22 乳香	25 廣藿香	28 玫瑰	31 吐魯香脂	34 香草
20 麝鹿香	23 鳶尾根	26 薄荷	29 迷迭香	32 零陵香豆	35 岩蘭草
21 苦橙花	24 烏木	27 秘魯香脂	30 檀香	33 晚香玉	36 依蘭依蘭

香氣的文化

某些香氣與氣味的力量，在世界各地的文化中大不相同，這點提醒了我們，氣味是擁有無盡可能性的社會建構。

在世界各地的文化中，秘魯聖木、鼠尾草、乳香和沒藥都是具有靈性特質的香氣。

想像人與人的打招呼方式，是評估對方的氣味。想像一下，若語言變成甜美芬芳的氣味，而人們要以「嗅聞」來理解訊息。也試著想像，你不能選擇氣味與你相近的伴侶，不與母親或愛人吻別，而是彼此的鼻子緊貼，又深又長地吸氣。更神祕難解地試著想像一個世界，你在其中身為孩童，你的氣味為你的前世身分提供了線索。

以上這些景象在西方文化中，根本毫無真實性，然而，這些習俗卻確實存在於不同地方的文化裡。氣味不僅是生物或心理經驗，也是社會與文化現象。不僅如此，關於氣味好壞的概念也是文化的一環，事實上，嗅覺遠比我們想像的更加廣泛與細微。探索氣味在世界各地文化中所扮演的角色，能擴展我們對這項重要感官的見解。

語言的角色

在西方世界中，形容氣味時總令人挖空心思。例如肉桂，可能形容為聞起來「溫暖的辛香料氣息」（喚起觸覺與味覺的字彙），但是我們並沒有肉桂氣味專屬的字，而且對於任何氣味都沒有專屬形容。「麝香味」（musky）是英文唯一存在並且專門用來形容特定氣味的字。絕大多數的其他西方語言也沒有好到哪裡去。當我們遇到比較不尋常的氣味時，就以秘魯聖木（palo santo）來說吧，這是墨西哥的聖木，被用來做成淨化負能量的焚香。或許我們可以說：聞起來像松樹、檸檬、薄荷香調（或氣息），甚至會有人會說有焦糖感，不過，除非你曾經直接聞過，否則根本無法透過語言接受到氣味。

荷蘭拉德堡德大學（Radboud University）的瑪吉德（Asifa Majid）教授在東南亞多個族群進行一項小型測試，驚訝地發現狩獵採集文化中，對於描述氣味擁有豐富多樣的語言。不僅馬來西亞的嘉海人（Jahai）和泰國的馬尼人（Maniq）擁有12~15個純粹用於形容氣味的字彙，他們還非常善於辨認氣味。某個字用來形容任何會吸引老虎的生肉與血腥物，某個字則單純指野薑、煙和蝙蝠排泄物共有的氣味，還有一個字指稱熊狸（bearcat）與當地臭名遠播的榴槤（在亞洲某些地區頗受歡迎，已故主廚安東尼·波登形容「你的嘴巴會臭到像和你死掉的阿嬤舌吻過」）共有的氣味。研究人員將這套複雜的嗅覺語彙，歸因於生活在叢林裡，氣味是狩獵採集生活不可或缺的部分。瑪吉德將研究結果寫進2011年出版的文章中：「只要說對語言，氣味就能透過語言表達。」

[1]

[2]

[1]　氣味是亞馬遜偏遠的德薩那部落繁複世界觀
　　 的一部分。

[2]　由於氣味和聲音皆透過空氣傳播，馬利的多
　　 貢人將兩者緊密連結。

氣味的階級

　　挑戰西方對於氣味觀念的，不只有語言，許多文化中，氣味和香氣在人們探索自我特質與觀看世界時，透過群體的嗅覺分類系統，扮演著不可或缺的角色。在詳實全面的人類學論文《香氣：氣味的文化史》（*Aroma : The Cultural History of Smell*）一書中，作者康絲坦絲‧克拉森（Constance Classen）、安東尼‧希諾特（Anthony Synnott）與大衛‧豪斯（David Howes）提出許多例子。在緬甸西部安達曼群島（Andaman Islands）的翁奇人（Onge people），以碰觸彼此的鼻子做為個體的自我識別，日常問候語則是：「你的鼻子好嗎？」他們認為一個人的氣味來自骨頭（是濃縮的氣味），因此其中包含了生命力。翁奇人說，人可以聞起來「沉悶」，所以其他人可以吸走這種鬱悶感，反過來說，也可以在你身上呼出他們的氣味鼓舞你。馬來西亞原住民特米亞人（Temiar）亦將氣味與靈魂劃上等號，對他們而言，靈魂位置明確地位於下背部。該族群的規則嚴明，不可以太過接近他人，以免彼此的氣味混合，導致疾病。除此之外，他們在走過他人後方時還會說：「氣味、氣味」，以降低任何潛在風險。

　　亞馬遜的德薩那（Desana）部落採取較集體主義的作法，相信整個部落擁有相同的氣味。他們認為人只能與來自不同部落、擁有不同氣味的人共結連理，家長孩子追求某人的時候會說「好好混合吧！」克拉森、希諾特和豪斯如此描述。在個人方面，氣味與食物和生理週期的關聯最為密切，超過其他事物。在德薩那人的世界中，他們將一切事物與氣味連結，包括動物、舞蹈，還有某些聲響、顏色、溫度、形狀、風味，以及道德品格。嗅覺是繁複的感官系統，也是觀看世界的方式。對他們而言，氣味反映了人類大腦的意識狀態，外在世界僅是提醒了這些狀態。

　　另一個對西方世界同樣顯得陌生的氣味概念，就是馬利（Mali）多貢人（Dogon）的信仰，他們能夠「聽見」氣味，將氣味和聲音一視同仁，因為兩者皆透過空氣傳播。他們也相信正向的語言氣味芳香，因此，為口氣增加香甜氣味也被認為可以改善口語。作者們在書中

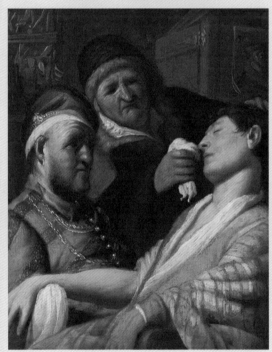

[3]

解釋，犯了文法錯誤的年輕女孩會被穿鼻環，以增進她的言語能力。而他們最喜愛的香氣：料理和油，因為美妙迷人，可被當作香水。

如我們所見，氣味和嗅聞的行為是息息相關的。舉例來說，在某些地方不受喜愛的氣味，在其他地區卻可能是慾望的象徵。衣索比亞的達薩內柯人（Dassanech）飼養牛隻維生，而且極為重視牛隻。男人以牛糞塗抹身體，並用牛隻的尿液洗手，女人則以奶油塗抹上半身，這些行為足以反映出牛隻的重要性。相較之下，非洲的薩恩人（Saan）則會說雨水的氣味是最美妙的氣味，因為這就是他們的傳說的中心。

雖然「好的」和「壞的」氣味是相對的，不過各個文化普遍無法容忍腐敗的氣味，因為這種氣味與疾病相關，人們過去常認為吸入臭氣就會生病。中世紀的瘴癘理論甚至傳播「夜間的空氣」與腐爛物質會導致疾病，包括黑死病。某些文化中，像是委內瑞拉的瓦拉人（Warao），曾認為腐敗氣味會找上較虛弱的人，引發疾病。當代文化中，甚至在歐洲和北美的氣味偏好上也有些為差異。人類學家麥克菲（Marybeth MacPhee）在〈去味文化〉（Deodorized Culture）一文中解釋，歐洲和北美兩個族群對於清潔的標準並不相同，北美人對體味的容忍度低了許多，因為人們認為體味與疾病以及二十世紀早期移民文化所形成的社會結構有關。在此一社會脈絡下，自我控制的理想模範便與潔淨無味的身體連結。直到今日，據說美國人偏好清爽氣味，歐洲人則喜歡些許體味。

[3] 一名衣索比亞的達薩內柯部落成員，該部落非常喜愛牛隻的氣味。
[4] 過去一千年間，很長一段時間中人類將疾病與難聞的氣味連結。

[1]

[2]

[1] 亞洲的住家和廟宇中縈繞著黃玉蘭與檀香氣味。

[2] 帶香氣的樹脂是阿拉伯香氛中不可或缺的元素。

儀式的氣味

中東和北非擁有複雜的個人香氛系統，使用在不同的身體部位上。香油（而非香水）向來是日常生活中不可或缺的物品，而且只會塗抹在潔淨的身體上。男性經常使用玫瑰香氛，會在耳後、鬍子、鼻孔、手掌心穿用玫瑰和烏木香氛。女性也會在身體各個部位使用多種香氛，某些香氛是頭髮專用（像是核桃油或芝麻油）、耳朵（烏木、番紅花、麝香），腋下用檀香，鼻孔用烏木等。甚至連衣服也帶有香氛。在某些伊斯蘭國家，女性只能在私下以及與親友在一起時穿用香氛，因為在公眾場所和男性身旁使用香水，是違反文化規範的。

用餐時間為身體增添香氣也可以是一種社會儀式。接待賓客時，通常會在飲用咖啡的同時分發香氛，做為一餐的結束。賓客會圍坐成圈，從拿到的瓶子中倒出混調的香氛塗在身上，這項儀式還可加上輪流以燃燒的焚香熏香身體。夜晚結束時，訪客就在香氣繚繞中離去，幫助這晚的體驗寫入記憶。

某些非西方文化中，室內香氛也扮演重要的角色。在中東和北非，一縷乳香和烏木輕柔地帶來香氣，從露天市集、購物中心、辦公室到住家，由於這些地區的文化高度香氛取向，室內香氛在社會儀式中扮演重要的角色。主要的香氣來源是焚香片（bukhoor）、烏木和乳香。焚香塊是浸透香油的木片混合物，每個空間都有各自的專用香氣，以琥珀、麝香、精油與糖組成。烏木帶有厚重濃烈的香氣，來自沉香樹因感染黴菌而形成的結節。在中東，接待客人時會燃燒烏木，是尊敬的象徵。也因此，香氣馥郁的樹脂乳香幾乎是所有阿拉伯香氛的基調，以前這些都是廣受歡迎的昂貴原料。

許多東亞人士的大汗腺較少，那是產生強烈體味的腺體，這點或許就是為何該地區重視空間香氣勝過身體香氛。例如香道，也就是品鑑焚香的日本藝道，與茶道、花道構成「日本三雅道」。繁瑣細膩的香道是現今仍實踐中最少見的雅道，因為需要數量眾多的特殊器具，必須要加熱小塊香木，主要是沉香（可生成烏木）或檀香，再加上香草植物和新香料，如八角、丁香、野薑花，在與會者之間輪流傳遞混合熏香。每個人觀察

[3]

[4]

香氣，辨認焚香中有哪些原料。日本人使用「聞香」（monko）一詞，意思是「聆聽焚香」，表示品鑑與過程。

以鼻子打招呼是世界許多地方的共同習俗，最著名的當屬「kunik」，又稱「愛斯基摩之吻」，是因努特人（Inuit）家族成員打招呼的方式，兩者緊貼鼻子和上脣並嗅聞。這也是亞洲地區的文化習俗，包括泰國、柬埔寨和越南，蒙古游牧民族和阿拉伯半島亦可見到。西非、西伯利亞和緬甸的部分原住民部落中，會使用同一個字表達親吻和嗅聞。某些阿拉伯國家的「鼻子之吻」是普通的問候方式，和握手沒有兩樣。紐西蘭的「honi」是傳統毛利人的問候方式，兩人緊靠鼻子與額頭，類似的「honi」問候也散見於夏威夷與波里尼西亞原住民。在這些文化中，兩人彼此緊貼鼻子吸嗅，是代表交換生命氣息的神聖問候，氣息稱為「ha」和「mana」，意即兩人共享的靈性力量。印度各地亦記述嗅聞他人頭頂的傳統問候方式，印度教古籍描述這是愛的象徵。

[3] 傳統日本香道是對氣味的冥思展現。
[4] 因努特人的「kunik」是深情的家族問候，世界各地許多文化中亦可見到。

神聖的香氣

長久以來，人們一直相信香氣與神聖事物有直接關聯，無論是全球各個宗教中使用不同種類的焚香，還是使用香氣進入超脫塵世領域的薩滿習俗。

印度教的古老神聖典籍《吠陀》中詳細記載焚香的用途。供奉（puja）和祈禱的時候，印度教的廟宇和家中神壇都會燃燒焚香，在阿育吠陀醫療中也占有一席之地。中國和亞洲地區的佛教寺廟會吊掛盤香，用來淨化空間。和尚或比丘尼受戒時，常會以線香在頭皮上燒出三到十二個圓形疤痕，稱為戒疤。

在亞洲，最受歡迎的香氣包括檀香和黃玉蘭（nag champa），兩者皆有極深的宗教意涵。黃玉蘭是全世界最常見的焚香，在印度教文化中，常於冥想時點燃。其中的主要原料除了檀香，還有黃玉蘭，是黃玉蘭樹的神聖花朵。黃玉蘭樹種植在廟宇和靜修場所（ashram）周圍，被視為毗溼奴神的聖物。檀香樹也被認為是神聖的樹木，向來是印度教與佛教寺廟傳統採用的主要焚香。檀香磨成膏狀後，用來在額頭畫出提拉克（tilaka）標記，作用是刺激天眼脈輪。不僅如此，蘇非教派者（Sufi practitioners）也廣泛使用檀香，認為檀香可引導亡者邁向來生。基於這個原因，他們常在墓地種植檀香樹。

猶太教和基督教中，《詩篇》形容焚香有如對上帝的禱告。猶太教認為嗅覺是神聖的。基督教聖經中，三位智者帶給耶穌的禮物是沒藥和乳香，兩者皆為生長在乾燥氣候的小型橄欖科（Burseraceae）樹木的樹脂。沒藥油以玫瑰氣息著稱，帶木質氣息的乳香熏香球則散發濃郁醉人的香氣。

乳香的氣味是「基督的臨在充滿虔誠信徒的肺」，倫敦大學學院的堤摩西·卡洛（Timothy Carroll）在為Aeon平臺撰寫的論文〈天堂的氣味〉（*The Scents of Heaven*）中寫道。當沒藥和乳香融入身體時，這就是「基督給予基督徒的祝福、健康與整體平安的流動」。現代的天主教、東正教與聖公會教堂仍在儀式中使用沒藥和乳香的混合物。

[1] 從猶太教、基督教、伊斯蘭教、印度教到佛教，焚香都是與聖靈的連結。

[2] 印度教徒使用芳香的檀香膏，在額頭上畫出宗教符號提拉克。

[3]

[4]

「神聖的氣味」是深奧的基督教概念，意指聖人死後散發的氣味。根據紀錄，聖方濟‧亞西西（Saint Francis of Assis）和畢奧神父（Padre Pio）的聖痕飄出香甜的氣味，1640年過世的可敬者修女黑蘇斯的瑪麗亞（the Venerable Mother María de Jesús）於1929年出土，明顯的玫瑰和茉莉花香久久不散。

美洲各地的原住民文化中，氣味自古以來就扮演連接冥界的關鍵角色。薩滿教的煙燻淨化（smudging）到今日仍是常見的習俗，燃燒鼠尾草、柯巴樹脂（copal）、菸草、甜草（sweetgrass），將自己獻給祈禱、帕瓦（pow wow）等舞蹈，以及其他神聖儀式。帶煙燻味但甜美氣息的柯巴樹脂在中美洲非常普遍，馬雅和阿茲提克神廟中會燃燒這種樹脂做為供品，現今則在教堂、汗屋（sweat lodge）、致幻儀式，以及墨西哥的亡靈節時焚燒。

氣味長久以來在世界各地的某些部落中，扮演靈性世界觀不可或缺的角色。塞內加爾的塞雷爾‧恩杜特人（Serer-Ndut）深信孩童的氣味能透露他們是哪一名祖先的轉世。根據克拉森、希諾特與豪斯的敘述，巴西的波羅羅人（Bororo）將一個人的氣息與靈魂連結在一起，奈及利亞北部的豪薩人（Hausa）則相信疾病、壞氣味與惡靈之間的關聯（他們還認為女巫可以從鼻孔進入人體，導致精神錯亂）。南美洲的某些死藤水儀式中，部落會以芬芳的焚香圍繞群體，確保儀式開始前的寧靜。氣味在接下來的幻覺中扮演意義重大的角色，也是靈性的象徵。非裔的巴西民族巴圖克（Batuque）會依照請求附身的不同靈體，燃燒特定的焚香。

從世俗到神聖，從塵世到超凡入聖，氣味在世界各地的角色挑戰了西方傾向堅守的嗅覺共識。然而，如果我們的眼光放得更遠大，不僅止於科學與香氛產業對氣味的掌握，納入宗教敬拜、溝通、社會習俗，氣味顯然擁有形塑社會世界的巨大能力。問題在於我們是否準備好重新省視最受忽略的感官，敞開心胸接受人類體驗中嗅覺的所有可能性。

[3] 聖方濟‧亞西西過世後，據說他的聖痕散發出「神聖的氣味」。

[4] 亡靈節（Dia de los Meurtos）期間會使用柯巴樹脂焚香爐。傳統上柯巴樹脂是神明的食物。

論文
性別與身分認同

香氛是透過氣味展現認同的時尚，是用來為肌膚錦上添花的最終無形配件，向外界傳達我們的品味、個性與風格。氣味可擔任自傳式的媒介，一路伴隨我們，從青少年時期的青澀調情到尋得成年後的標誌性嗅覺風格。也許這種天長地久的關係中最辛酸的例子，就是那些在過世許久後，因為標誌性香氣而被記得的人。普魯斯特在《在斯萬家那邊》（*Du côté de chez Swann*）中最著名的一段如下：

> 「當往事不再、生命消逝、事物毀壞，氣味和滋味卻總是能獨立於形體之外，更脆弱，但更富生命力，更形而上且持久地、忠實地長存於世。有如靈魂，在殘敗廢墟上守護回憶、期待與希望，仰賴幾乎無從辨識的蛛絲馬跡，頑強地支撐起整座回憶的高塔。」

不幸地是，香氣就像時尚，無論性別為何，都無法倖免於先入為主的社會觀點。有人甚至力辯，香氣是穿用在裸露的身體上，因此比起穿戴的衣物，更能表現性別認同。

保守認知中，花香調和甜美香氣屬於女用，濃郁木質調香氛則是男用。女性不敢使用過於情慾或下流的香氛，因為這類香氣常與性反常有關。同樣地，男性也不會冒著被同儕譏笑的風險，使用花香調或美食調香氛。如此一來，香氛就成了性別展演和從眾的方式，也是異性戀常規。

傳統上，這些規則也延伸至年齡，俏皮活潑的香氛是年輕世代專屬，熟齡世代則要用較濃郁的香水。除了氣味本身，用來行銷香水的影像也會堅持陽剛和陰柔性別認同的僵化結構。對於無法決定要選擇哪款香水的人而言，這些限制就是引導方針，暢銷榜和形象廣告則指點方向，表明哪些香水最適合他們嚮往成為的類型。在此情況下，購買香水既是文化建構，也是個人的自主性。

[1]

　　個人認同的建構之外，我們也可以將香氣擴展至社會化標誌的作用。如果聞到某人穿用的香氛對我們的個人品味具有吸引力，我們較傾向開啟對話，反之，我們也可能避開香水氣味令人倒胃口的對象。

　　然而，在越來越偏向非二元性別的世界中，如今男女特徵已經被個人偏好取代。根據市場情報領頭公司英敏特（Mintel）的調查，2014到2018年間，全球發售的中性香水從12%增加至14%，發售的女香則減少4%。現在不再是公司行銷，而是由穿用者決定香氛的性別。選擇的自由，不僅是穿用的香水，更是性向或性別的認同，開啟了充滿無限可能性的精采世界。

[2]

[3]

[1]　　數十年來，香水行銷總是仰賴性別化的比喻。

[2][3]　獨立香水品牌Charenton Maceration在性別化的香水行銷上大膽表態。

室內香氛

氣味是空間的終極指標。我們也許會透過醫療設備與身穿白袍的專業人員辨認出醫院內部,然而令人記憶最深刻的,難道不是碘仿的香甜消毒藥水氣味、乙烯基地板的塑膠味,以及刺鼻的雙氧水?

氣味可以將我們與氣味連結，氣味能引發特定記憶與情緒，幾乎能使我們置身另一個時空。

　　如果美容養生館沒有散發薰衣草氣息，還會如此令人舒緩放鬆嗎？如果瑜伽教室沒有祕魯聖木的輕煙繚繞，還會讓人專注在身體的感受嗎？即使在空間的室內設計與家具擺設上花費許多心思，真正提升完成度的卻是氣味，創造出氣味記憶的生理連結。

　　許多機構會和調香師與訂製香氛公司合作，希望能夠運用這股力量，鼓勵客戶回訪。撰稿人莎拉・佩皮托內（Sara Pepitone）近來表示，香氣是室內設計中有待開發的領域，自此，這一行便以驚人速度飛快成長。香格里拉香氛精華（Essence of Shangri-La）就是個案之一，這是香格里拉大飯店推出的產品線，包含室內香氛噴霧、蠟燭、擴香瓶，散發這家奢華連鎖飯店的標誌性香氣：薑茶、香草、檀香（於飯店實體店面與線上商店街獨家販售）。

　　至於較個人的層面，居家香氛把香水從美妝用品轉變成生活風格產業。根據市場調查公司NPD集團（NPD Group），高級香氛蠟燭是香氛市場中成長最快的區塊，2016到2017年之間增加了59%，形成價值8040萬美元的產業。

　　必須要某種程度的親近，才能感受到某人身上的氣味；不過踏入對方家中並且聞到空間的氣味，則會立刻傳達關於住者個人品味的訊息。對靈性領域感興趣的

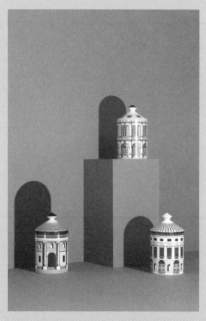

[1]

[2]

人，可能會在家中焚燒乾燥鼠尾草束，以淨化在周遭感受到的惡靈，而且是象徵與字面意義上的惡靈，因為鼠尾草（sage）字源於拉丁文「salvie」，即「治癒」之意。鼠尾草顯示可預防阿茲海默症等退化性神經疾病。

　　廚房和浴室等功能性空間，可能會以柑橘香氣展現潔淨感，較私密的空間如臥室或起居室則可能使用檀香等較溫暖的香氣，創造舒適愜意的氛圍。這些選擇並非巧合，而是有心理因素的：荷蘭的拉德堡德大學（Radboud University Nijmengen）的研究發現，讓研究參與者暴露在柑橘香氣的多功能全效清潔劑的氣味中，會使他們保持周遭環境更加清潔。2016年一篇標題為〈香氣對人類心理生理學活動之影響〉的文章中則表示，吸入檀香（加入薰衣草、洋甘菊，以及有丁香氣味的丁香酚）讓受試者表示增加放鬆的感覺。

　　居家香氛的媒介，從過去的廉價線香與塑膠芳香凝膠劑，轉變成雅緻的創造儀式。Cinnamon Projects就是很好的例子，該品牌推出一系列手工製作的黃銅與半寶石熏香座，搭配適合一天當中不同時刻的日式線香，例如早上七點適用較清淡的紅茶和漂流木香氛，午夜則是較濃郁的橡木苔和丁香香氛。

　　同時，義大利瓷器品牌Fornasetti請來Chanel的調香師奧利維耶·波爾吉（Olivier Polge），首度推出香氛蠟燭與室內芳香噴霧，展現出居家香氛擁有的手工藝與高級原料完全不亞於香氛產品的瓶身。L'Artisan Parfumeur提供陶製的手工雕花香氛球，內部填裝芳香的晶體，能持續散發香氣長達兩年，證明除了香氛，容器本身也可以是藝術品。

　　對於這類優雅產品的渴望是由香氛愛好者所推動的，他們追求完美無瑕的精巧工藝創作，遠超過接觸肌膚的範疇。對香氛鑑賞者而言，擴香器、蠟燭、焚香都是嗅覺的延伸。但是從更基本的層面來說，這些設計品影響了我們進入與感知空間的方式，當然也取決於我們對香氛的體驗的優劣，以及這些體驗留存在我們記憶中的能力。一個地方的視覺感或許會先占優勢，然而在我們離去許久以後，該地方的氣味才是真正令人難以忘懷。

[1]　香格里拉連鎖大飯店讓顧客在家也能擁有飯店的奢華香氣。

[2]　Fornasetti打造繁複的室內香氛，裝在精緻絕倫的瓷器設計品中。

[3][4]　Le Labo等眾多香水品牌將產品拓展至居家香氛。

對香氛鑑賞者而言，擴香器、
蠟燭、焚香都是嗅覺的延伸。

[3]

[4]

氣味風景

鮮花、葉片、種子、根部、樹脂，這些都是備受重視的原料，運用在我們今日購買的許多香氛中，點亮我們的想像，觸動我們的慾望。雖然有些原料來自世界香水首都格拉斯斜坡上的花田，絕大多數原料的產地其實遍布全球各地。

法國格拉斯（茉莉／五月玫瑰／香桃木）
馬達加斯加北安齊拉貝（香草）
法國葛摩群島（依蘭依蘭）
土耳其伊斯帕爾塔＆保加利亞卡贊勒克（玫瑰）
印尼蘇拉威西島（廣藿香）

[1]

[2]

除了神祕感、稀有性和高價，許多原料由於只能生長在特定氣候帶，而且種植全都需要大量勞力與心血。關於這些原料如何從亞洲、非洲、美洲去到巴黎最早期的香水工房，以及最後如何於今日商店中的現代香水瓶內無所不在，是一段悠久豐富，偶爾甚至沾染血腥的故事。

故事要從東南亞說起，早從公元九世紀起，中國和阿拉伯半島之間就有興盛健全的海上貿易。千百年來，水手交易香氛原料（還有紙張、辛香料、火藥），在交易過程中，在亞洲和中東各地建立起許多財富與知識驚人的中心。不過直到1488年葡萄牙航行家達伽馬（Vasco da Gama）成功繞過好望角，歐洲才得以進入這些貿易航線，並利用那裡生產與販售的豐富異國資源。這個時刻開啟了所謂的探索時代（Age of Exploration），這段時期，歐洲對貿易與殖民主義興趣大增，以及透過貿易與殖民獲得財富。貿易者帶回香氛與辛香料，挑起歐洲對異國產品的慾望，因此導致更多貿易……說到這裡，諸位大概已經明白了。許多歐洲強權嗅到商機，征服這些貿易路線上的主要港口（更不用說美洲遭到澈底殖民化）；如果能夠掌握特定地區的港口，也就能夠要求壟斷該地區生產的珍貴商品，然後針對這些商品收取高額酬金。

今日我們居住在彼此連結的世界，很大一部分就是這段歷史性時刻的產物，隨著一次次粗暴的開發利用，世界也變得更小，隨著每一個被征服的港口，文化之間矗立千百年的分野逐漸崩塌。事實上，探索時代的事件，為目前仍運用在香氛中的原料，奠定了極度繁複精細的全球網絡。這片網絡從馬達加斯和大溪地加閃閃發亮、種植香草的蓊鬱山丘，遍及土耳其和保加利亞生長香氣華麗富裕的大馬士革玫瑰的肥沃河谷，全球網絡從長滿大花茉莉（Jasmine grandiflorum）的印度最南端，一路抵達廣藿香全球主要供應地、火山密布的印尼群島。現在就讓我們一起來趟沉浸式旅行，進入廣大開闊的嗅覺地理吧！

[1]　維多利亞時期，異國植物在學術與休閒層面都令人陶醉神往。

[2]　法國皇后凱薩琳‧梅迪奇擁有個人專屬調香師，為她製作穿戴用的香氛手套。

格拉斯，普羅旺斯，法國
北緯43.6602度、東經6.9265度

十八世紀晚期以來，格拉斯一直是香水產業的中心。

茉莉／五月玫瑰／香桃木／橙花／金合歡

　　格拉斯和香水幾乎是同義詞，這座棲身於法國蔚藍海岸的小鎮擁有獨特的微氣候，十八世紀晚期以來，一直是欣欣向榮的香氛生產城鎮。自從凱薩琳·梅迪奇展現對香氛皮革手套的熱愛，來自該地區的精油便開始逐步走向全世界。迷人的花香精油主要透過冷脂吸法萃取，成為代表性香水，訴說故事，挑逗感官。這就是格拉斯的名聲，該地區的法國主教很可能懷疑這座城鎮何以大受貴族歡迎，曾以「Gueuse Parfumée」，意即芳香的蕩婦，指稱格拉斯城。1891年，英國小薩克萊（William Thackery）寫下該地區的生動敘述：「紫羅蘭鋪滿了橄欖樹下的田野。開闊的鄉野間處處都是黃水仙、茉莉，還有麝香玫瑰（muscadine rose），這就是普羅旺斯玫瑰，香氣遠勝過所有其他玫瑰。整個花季，調香師的蒸餾器忙著將這些香甜氣息萃取裝瓶，以便送至倫敦和巴黎的市場。」今日，格拉斯城市與周邊區域的網絡擁有六千間公司，共僱用三千五百人。將近一千名格拉斯居民皆間接受僱於香水產業。頂級奢華香氛品牌，如Chanel、Dior、Hermès，都有自家專屬的花田，種植千葉玫瑰和茉莉等。同時間，新生代的「鼻子」正在格拉斯香水學院受訓，學習辨認超過兩千種不同的香氣構成要素，判定2美元與220美元香氣原料之間的差異，並且研讀多種成分的歷史與由來。

北安齊拉貝，薩瓦區，馬達加斯加　　　　香草莢在馬達加斯加東部的桑巴瓦價值不菲，使得
南緯18.7669度、東經46.8691度　　　　　種植香草成為危險的產業。

香草

　　甜蜜豐潤，與平淡無趣完全沾不上邊，香草（僅次於番紅花的高價辛香料）從冰淇淋到「Shalimar」香水，都是閃閃發光的主角。原生於墨西哥的香莢蘭（學名*Vanilla planifolia*）主要種植在印度洋，由於該地區沒有蜜蜂授粉，這些黃綠色的兩性花必須以手工授粉。植株本身需要三年才能成熟。如果錯過只有一個早上的授粉機會，隔天花朵就會掉落。而且唯有其中白色的蕊喙亮起授粉成功的綠燈，才會生成長型果莢成熟。果莢的成熟費時九個月，只在最後一個月時才散發出明顯的誘人香氣。價格極高的果莢必須在最完美的時機剪下，然後經過數週的加工，依序加溫、曝晒、陰乾。接著經過分級、測量，以顏色、長度、彈性分類，細心呵護的程度不下於珠寶鑑定師揀選分級鑽石。如果你覺得這樣還不夠辛勞，許多種植香草的家族還會輪流睡覺，佩戴開山刀站岡，以免收穫遭到武裝歹徒襲擊，在賣往市場的前一晚將所有作物洗劫一空。有時農人因為害怕犯罪集團摧毀農場，不得不提早出售香草莢，最後受害的卻是品質。除了犯罪和政治不穩定，氣候變遷也對產量造成重大影響。2017年3月，產量占全球供應量80%的馬達加斯加遭到Enawo熱帶氣旋侵襲，損害島上30%的香草作物，為原本的長期乾旱雪上加霜。該年度的收成受到重創，價格因此飆漲，迫使主廚與調香師紛紛認真考慮以合成香草香精做為替代品。專家現在正努力解決高需求、低劣品質與低產量的問題。

葛摩群島，葛摩聯盟，法國
南緯12.1373度、東經44.2500度

備受喜愛的依蘭依蘭花朵生長在非洲東南海岸線的
葛摩群島。

依蘭依蘭

　　這種纖弱的黃色花朵又稱「窮人的茉莉」，因為氣味相近，價格比茉莉低得多。其名稱「依蘭依蘭」（ylang-ylang）有時亦拼寫為「ilang-ilang」，來自他加祿語（Tagalog）的「ilang」一字，意思是「荒野」。依蘭依蘭生長在熱帶的香水樹（Cananga odarata）上，屬於番荔枝科（Annonaceae），原產於南亞。法國植物學家波弗（Pierre Poivre）最早於1740年在馬來西亞發現該物種，不過，直到1909年才引入葛摩群島。貧瘠的葛摩群島每年生產30~40公噸精油，主要在擁有五十座蒸餾廠的安樹昂島（island of Anjouan）上進行。不幸的是，由於數十年來逐漸老舊的蒸餾廠投資不足，加上沒有人願意爬到卡爾塔拉（Karthala）火山覆蓋深濃植被的斜坡，採集蹤跡難尋的黃色花朵，產量大大下滑。人們相信依蘭依蘭可以抗憂鬱與催情，還有令人平靜、鎮定、提振心情等特質，可緩解（性）緊張與帶來愉悅感，因此在香水產業中的價值非常珍貴。新鮮採收的花朵透過蒸氣蒸餾取得精油，再依照蒸餾物取得的時間將精油分成不同等級。一如橄欖油，依蘭依蘭也有多種「萃取」方式，以篩選出最純淨卓越的等級。依蘭依蘭的香氣特徵包含橡膠氣息、卡士達、茉莉、苦橙花，形成深沉豐盈的氣味，Chanel的「Chanel No.5」與Guerlain的「Samsara」（聖莎拉）是最著名的應用。

[1]

[2]

[1]　土耳其西部的伊斯帕爾塔，是一望無際的花田所在地。此處為庫尤賈克的薰衣草村。

[2]　日出時分的伊斯帕爾塔大馬士革玫瑰谷，此處的花朵耗費大量人工與時間剪下後，送往蒸餾廠。

伊斯帕爾塔，安塔利亞，土耳其
北緯37.7626度、東經30.5537度

卡贊勒克，舊扎戈拉，保加利亞
北緯42.6194度、東經25.3930度

玫瑰（大馬士革玫瑰）

　　每年6月，16.18平方公里的大地就會搖身變成一片深粉紅的花毯，在土耳其伊斯塔爾帕（Isparta）周邊的空氣飄散花香，這裡就是全世界最大的大馬士革玫瑰產地。從麥加的大清真寺到最頂尖的法國奢侈品牌，都會遇到此地區供應的玫瑰。伊斯帕爾塔玫瑰的故事源自1870年代，商人埃芬迪（Müftüzade Gülcü Ismail Efendi）從1215公里外的保加利亞玫瑰谷偷偷夾帶玫瑰幼苗到土耳其，種在一小片田裡。這個微小的植物走私舉動，後來使該地區變成可觀的全球玫瑰供應地。同時，位於巴爾幹山脈南邊的保加利亞的玫瑰谷幅員遼闊，高達1895平方公里。玫瑰谷的兩大古老河床，西邊的斯特里亞馬河（Stryama）和東邊的登薩河（Tundzha），數世紀來一直滋養著玫瑰花叢。現在每年生產1.7公噸玫瑰油，幾乎是全球供應量的一半。採摘這些珍貴無比的花瓣一點也不輕鬆。因為玫瑰的溼度非常關鍵，工人清晨六點就要抵達花田，趕在日出晒乾露珠之前採收。每一朵花必須個別剪下放入籐編籃，然後迅速送到蒸餾廠。有些生產者甚至把蒸餾器帶到花田，以便萃取更多香氣，捕捉新鮮度。茉莉和玫瑰皆是香氛產品裡的常客，但玫瑰油的生產過程更加密集緊湊，價格也因此更昂貴。例如900公斤茉莉可生產一磅精油，但是同樣分量的玫瑰油，卻需要4536公斤玫瑰花瓣。1公斤玫瑰原精售價可高達11000美元。由於玫瑰精油的天價，有些不肖生產者會以含有相同化學化合物的天竺葵或玫瑰草（palmarosa）精油稀釋產品，最終的成品就是「玫瑰油」，其中的天竺葵或玫瑰草可能多達90%，玫瑰卻只占10%。茉莉被視為花中之王，而玫瑰是花中之后，絕大多數的重要香水品牌與業界整體不能沒有玫瑰油。絲絨般的花瓣裝載豐美誘人的分子，浪漫到足以激發出數不清的情詩，玫瑰和其中所含的化學化合物已經在我們的集體潛意識中深深扎根。

蘇拉威西島，印尼
南緯1.8479度、東經120.5279度

全球絕大部分的廣藿香供應皆來自印尼的蘇拉威
西，從平地到海邊全都長滿廣藿香。

廣藿香

　　廣藿香（學名*Pogostemon cablin*）以幽暗、帶綠色香氣的大地氣息為人熟知，名稱「patchouli」來自坦米爾語（Tamil）的「patchai」（綠色的）和「ellai」（葉片）。其精油需要經過八小時的蒸氣蒸餾才能製成，在此之前，枝條和葉片還必須在陰涼處乾燥四天，這段時間中，廣藿香會開始散發奇特的氣味。全球90%的廣藿香皆產自印尼，產地在島與島之間逐漸轉移，從尼亞斯（Nias）到蘇門答臘，接著轉往爪哇，如今則在蘇拉威西（Sulawesi）。廣藿香是在十九世紀興起，成為廣受歡迎的香水原料。抵達英格蘭後成為主流的家用百花香成分，不過廣藿香是在法國才真正風靡世人。1850年左右，法蘭西第二帝國的「cocottes」（交際花）會收到從印度遠渡重洋船運帶回、鋪滿廣藿香（防蛾蛀的效果絕佳）的精緻披巾。女士們不僅喜愛這些披巾，更對織品上的香氣愛不釋手。法文動詞「cocotter」（散發臭味）原本可能搞砸廣藿香的名聲，卻反而是披巾大受歡迎的真正原因：令這些在身上大量噴灑廣藿香的輕薄女人更添誘惑魅力。1970年代，廣藿香經歷了復興風潮，因為嬉皮視之為反叛與自由的香氣。從此以後，廣藿香以以更洗練優美的形式，散發令人聯想到反主流文化的香氣，像是布魯諾・約凡諾維克（Bruno Jovanovic）的「Monsieur」（紳士）就豪邁加入比例高達50%的廣藿香。在「Nose Paris」的問答中，調香師紛紛表示「所有原料我都喜歡，不過尤其喜愛廣藿香大地氣息的穩重，以及由上升的廣藿香醇和樟腦氣息組成、輕盈協調的空靈個性。」

香調家族6
異國琥珀調Exotic Ambers

　　充滿魅惑的華麗飽滿感，異國琥珀香調醞釀著辛香料、麝香、樹脂，以及許多常見於傳統焚香中的材料。最底層的豐盈感是利用木質、廣藿香與琥珀協調，混合勞丹脂、安息香、秘魯香脂、乳香、沒藥等香氣原料，用來打造出溫暖圓潤、果香，甚至是皮革氣息。

　　異國琥珀調過去稱為「東方」（oriental）香調，不過香水業界已逐漸棄用這個詞彙，因為「東方調」帶有簡化意味，甚至具冒犯性。這些香調最早於1920年代開始流行，極度浪漫化的東方形象風靡席捲整個西方時尚、藝術與室內設計。西方人渴望神祕的「異國風情」，希望將之穿用在肌膚上。Guerlain的「Shalimar」從1925年推出便稱霸此香氛類型，這款香氛重新詮釋皇帝沙賈汗（Shah Jahan）與慕塔芝瑪哈（Mumtaz Mahal）之間的愛情故事。既然名字來自拉合爾（Lahore）的夏利瑪爾花園（Shalimar Garden），創作香水的故事自然也少不了傳說，據聞調香師賈克·嬌蘭似乎「不小心」在Guerlain較早期的作品「Jicky」中倒入大量香草醛。

　　異國琥珀香氛很難明確定義，一如許多其他香氛家族的例子，也往往會與其他較具現代感的香氛家族有共同之處，通常是木質調或花香調。

　　最重要的是，此香氛家族是一種感受，是虛構浪漫的封裝，混合描著黑眼線、在桌上開心跳舞的飛來波女郎（flappers），她們剪了一頭短髮，抽菸喝酒、徹夜狂歡的舉動震驚社會。異國琥珀調令人聯想到色彩豐富、有大量珠飾的布料，鑲嵌珍珠貝母的暗色木頭，還有華麗奢侈的樂觀主義。

異國琥珀調代表性香水：
Guerlain的「Shalimar」

終極的異國琥珀調香水非它莫屬，明亮的香檸檬如日出般閃動，表示隨之而來的熱烈。粉香鳶尾的悄聲細語，令人回想起灰塵、安靜的空氣，煙燻香草的斗篷如溼透的絲絨緊貼肌膚，有如焚香細細悶燒的蹤跡迷人地綿延到遠方（非常貼身，但擴香性也很好）。

香水與權力

香水與權利之間的連結初看也許並不明顯，不過縱觀歷史，香氣總是與當權者脫不了關係。香水起初僅限精神領袖與政府領導人使用，將當權者與順服者區分開來，直到原料再也不是最受歡迎的通貨。

烏拉圭前總統何塞・穆西卡從自己的私人庭園採摘鮮花，與藝術家馬丁・薩斯特合作，製作限量香水。

埃及、希臘、巴比倫與多個亞洲文化等早期文明中，都會在官方會面、慶祝勝利、向文明的擴張致敬時焚燒各式各樣的天然精華。絲路主要以辛香料建構而成，這些辛香料用來當做調味料、染料，以及香水和化妝品的基底。生產茉莉、烏木和廣藿香等代表性香氛的花朵、樹木、灌木可能價值極高，在某些情況下，甚至成為珍貴的商品，在一國的國內毛額中占有可觀比例；如柬埔寨的鮮花就占全國經濟的7%。

在權力鬥爭中，衝突是無法避免的。關於因為花朵而發生的糾紛，最早的記述是在美洲，十五世紀中葉到十六世紀初期，阿茲提克人在前殖民期的墨西哥遭受多年旱災而導致饑荒後，進行一連串名為花之戰爭的戰鬥。根據宗教領據的建議，解決方法就是盡量犧牲許多人以博得眾神的歡心。特拉斯卡拉部落（Tlaxcala）顯然是不二之選，這支原住民部落與阿茲提克人之間持續上演地盤之爭。柯巴樹脂在民間傳說中又稱「樹的血液」，創造了柯巴焚香的阿茲提克人攻無不克，直到西班牙征服者說服特拉斯卡拉人加入他們的軍隊，最後消滅中美洲的帝國。

數世紀後，烏拉圭出現另一則與香氣和政治有關的軼事。何塞・穆西卡（José Mujica）可不是普通總統，這名南美洲的領導人曾是游擊隊戰士，2009年透過民主投票當選，常常開著1987年的淺藍色福斯金龜車出席正式政府議會，踩著涼鞋現身。穆西卡出了名的節儉，不久後就獲得「全球最窮總統」的外號，就任後，他寧願住在自己的簡樸鄉下農莊也不願住進豪華的官邸，後者是座落於烏拉圭首都蒙得維的亞（Montevideo）中心的小型宮殿。

這名被暱稱為「佩佩」（Pepe）的領導人與妻子露西亞（Lucía Topolansky）共同住在農場。他們一起種植菊花與其他鮮花，販售給當地市場做為花藝之用。2012年，同為烏拉圭人的當代藝術家兼攝影師馬丁・薩斯特（Martín Sastre）受邀造訪農莊。薩斯特對露西亞精心打理的花園一見傾心，於是提議一起用農莊裡種植的花

[1] 朵和香草植物製作香水。幾個月後，三瓶33毫升的「U from Uruguay」正式產出。香水瓶比古龍水本身更像藝術品，一瓶送給總統本人，一瓶薩斯特自己保留，一瓶則在2013年的第五十五屆威尼斯雙年展拍賣。

最後，阿根廷策展人希美娜・卡米諾斯（Ximena Caminos）以5萬美元的高價拿下這瓶限量香水，使其成為當時最昂貴的香水。1872年為英國女王維多利亞創作的專屬香水，由設計師克萊夫・克里斯汀（Clive Christian）復刻的「The Imperial Majesty」（女王陛下），售價為每毫升1400美元，保持史上最貴香水的紀錄。DKNY推出「Golden Be Delicious」（璀璨金蘋果）時再度拉高門檻，每瓶售價一百萬美元。最近紀錄再次被「Shumukh」（譯註：阿拉伯文「值得最好的」）打破，富麗奢華的香水瓶身以3671顆鑽石、托帕石、珍珠、金銀裝飾，售價130萬美元。

薩斯特最初向穆西卡提案時，總統同意為香水提供鮮花，但是要維持最簡樸的形式，規定其收益必須捐給某間與他有關的機構；90%的總收入用來推動第一個烏拉圭國家當代藝術基金，支持拉丁美洲藝術家。「最富裕的人並不是擁有最多的人，而是分享最多的人。」馬丁・薩斯特接受當地報紙訪問時說道。

然而並非所有的統治者與所選擇香氛的手段總是展現樸實儉約的一面。埃及人被認為是最早使用香水淨化空間、榮耀眾神、讚揚統治者之美的文明。威廉・莎士比亞的劇本《安東尼與克麗奧佩托拉》（*Anthony and Cleopatra*）中，形容這對愛侶的初次相遇，麗奧佩托拉搭乘豪華氣派的駁船抵達塔爾蘇斯（Tarsus），身旁是堆積如山的黃金和寶石，還有皮草、象牙與絲綢。

身為羅馬將軍的安東尼，甚至在看見他的身影以前，遠遠地就注意到她逐漸靠近，因為「感覺到一陣無形的奇特香氣撞上接駁碼頭。」當時歷史上的塔爾蘇斯是重要的商業港口，是乾燥辛香料與鮮花的氣味和腐魚與糞坑的沖鼻臭氣交雜的地方。衝擊歐洲軍官的濃郁香氣，正是克麗奧佩托拉的主要進攻線，這陣溫柔的攻勢

[1] 千百年來，香氛曾是皇室的專屬特權。從法老到國王，女皇到皇后，社會地位越高者，散發的氣味也越優於被統治的階級。

[2] 自古以來，焚香一直是世界各地宗教儀式中的重要一環。

[3]

最後成為歷史上最著名的風流韻事，是貨真價實的一「聞」鍾情。

千百年來，香水向來被視為社會最高階層成員的專屬享受。波斯波利斯（Persepolis）古都的石刻描繪波斯國王大流士手中握著兩瓶香水。在歐洲，路易十五在凡爾賽宮的法國宮廷選擇在身上噴滿香水，而不是用肥皂與清水洗澡（彼時的排水管和水道不如今日乾淨衛生，因此人們不常洗澡）。為法蘭西皇后凱薩琳・梅迪奇製作的香水異常珍貴，她甚至為此建造一座迷宮，以祕密通道直接連接製作香水的實驗室與她的住處。拿破崙與他那香氣四溢的伴侶喬瑟芬要求每週送來1.8公升的紫羅蘭古龍水，與他每個月要使用的多達六十瓶的茉莉精萃（extract）擠滿梳妝臺的空間。

歐陸其他地區爭相模仿，歐洲的皇宮和舞廳整年散發宛如伊甸園泉水的氣味。霍比格恩特的共同所有人保羅・帕爾克被譽為「當時最偉大的調香師」，被欽點為維多利亞女王的御用調香師（他的合夥人尚・法蘭索瓦・霍比格恩特則收到來自俄國皇室的類似委託）。多年後，共產黨對蘇聯的發展事項，也包括建立香氛產業的計畫。

革命也有自身的氣味。「The Summer of Love」（愛之夏）就有自身的獨特香氣。眾所皆知，抗議越戰的反政府嬉皮是廣藿香的超級愛好者，他們也喜歡其他令人飄飄然的「自然原料」（譯註：此處應指大麻之類的致幻藥草），加上廣藿香的大地氣息，就成為嬉皮們特有的氣味。這種香氣最早由前往印度旅行、期望能夠獲得啟發的「flower children」（花之子）帶回美國，其中有些人歸國後也出現在烏茲塔克（Woodstock），隨著音樂搖擺，頭上以氣味甜美的花冠裝飾。

較近代的歷史中，阿拉伯之春是因突尼西亞一連串的抗爭所觸發，最終讓總統本阿里（Zine El Abidine Ben Ali）下臺，得以實踐較民主的新憲法。阿拉伯之春又名「茉莉花革命」，我們只能想像街道上的緊張局勢，迷人甜美的茉莉花香中混合了警察的辣椒噴霧的刺

[3] 在世界各地的革命中，花朵向來扮演重要角色，是團結與和平的象徵。有些群體與特定氣味有直接關聯，例如嬉皮和廣藿香。

蘇聯發展香水產業，做為其經濟成長模型的一部分。圖中的香水使用野生罌粟製作。

政府試圖以別緻的瓶身與廣告，透過令人想起家鄉的氣味吸引國民。此處的例子為莫斯科。

[1]

[2]

鼻氣味。辣椒噴霧中的催淚物質，其實來自與製作香水相似的過程：利用香水業常見的兩種物質，乙醇（有機溶劑）和丙二醇（乳化劑），從辣椒屬（Capsicum，包含辣椒和甜椒）植物中萃取辣椒紅素（Capsicum oleoresin）。

無論這些社會不服從運動的效果如何，其精神仍迴盪在空中。拉丁美洲的左派反抗者切・格瓦拉（Che Guevara）就是一例。2014年，古巴藥廠Labiofam企圖行銷一款帶有「森林調（woodsy）、清新柑橘氣味與爽身粉氣息的香水」，並以大名鼎鼎的反叛軍切・格瓦拉為名，原本做為致敬的計畫，結果很快便被古巴政府下令終止。

另一個與香氣密不可分的政治人物，名叫川普（Donald Trump）。他和女兒伊凡卡（Ivanka Trump）擁有同名香水，在線上和沃爾瑪（Walmart）等特定商店販售。川普共以自己的名字推出三款香水，分別是「Empire」（帝國）、「Success」（成功）和「Donald Trump The Fragrance for Men」（唐納・川普男香）。最後一款裝在金色盒子裡，應該是由薄荷、小黃瓜、紫羅勒（black basil）以及「取自神祕異國植物的核心香氣」，關於成分的資訊當然不會全盤披露啦。根據已停產（但線上仍有庫存）的該品牌顧客意見，氣味相當強勁，用量最好點到為止。川普很可能根本沒試用過自己同名品牌的淡香水，也許反而會選擇使用阿曼副總理在一次官方會面時送給他的尊貴香水吧。這款香水裝在奢華的蜥蜴皮容器中，據說價值1260美元。

亞瑟・M・史列辛格（Arthur M. Schlesinger Sr.）和兒子小亞瑟（Arthur M. Schlesinger Jr.）都是深具影響力的歷史學家，發展出名為循環理論的政治論點，這種模式試圖解釋整個美國歷史在自由主義和保守主義之間的週期性變動。這個模式放至全球規模，似乎也適用於香水：2017年，所有性別性向皆適用的「Feminista」（女權主義者）問世，成分有紫羅蘭、皮革、粉紅胡椒、雪松、杜松子、安息香，以反對「刻板印象的噴式馬甲」

[3]

為宣言，以及「展現個人選擇的正當基本權利」。

　　這款香水是委託Escentric Molecules品牌創辦人格札‧舍恩（Geza Schön）製作，舍恩向來支持平權。2009年，舍恩推出「美麗心境系列」（The Beautiful Mind Series），是獻給他景仰的女性們，包括運動員克莉絲蒂安娜‧史坦格（Christiane Stenger）與芭蕾舞者波麗娜‧瑟米歐諾娃（Polina Semionova）。其他品牌也紛紛跟上社會運動的風潮，打造出像是Gucci的「Bloom」（花悅），形象廣告以跨性別模特兒哈莉‧奈芙（Hari Nef）為主角，以及Zadig & Voltaire直白的「Girls Can Do Anything」（女孩無敵），搭配發行的廣告中是一名年輕女性正在表演驚人的滑板特技。「這只是因為香水中含有岩蘭草，是男性香水中的常用成分。」撰稿人與香水鑑賞家米格爾‧馬托斯（Miguel Matos）說：「香水本身沒有問題，但是只用滑板就想當做『解放之歌』來行銷就太過火了，還把重要的議題變成商品。」

　　馬托斯的評論固然很真實，不過以色列前司法部長與右派政黨新右派（Hayamin Hehadash）創立人阿耶萊特‧莎克（Ayelet Shaked）發表的廣告，卻完全不把這類形象廣告的尷尬度放在眼裡。在一支意圖挖苦該國自由派人士的偽廣告中，她手握一瓶名為「Fascism」（法西斯）的香水入鏡，並說「聞起來就像民主」，是「左派人士不會喜歡」的氣味。這齣尖銳的惡作劇雖然讓莎克一時出盡風頭，不過最後卻在民眾的想像中留下反感。或許她該慶幸，就和香水一樣，政客總是會隨著時間逐漸褪色，最後消失。只有優秀的政治人物才會留在人們的記憶中。

[1] 這場社會運動一般稱為「阿拉伯之春」，由於當時正值香氣馥郁的茉莉花季，因此又叫做「茉莉花革命」。

[2] 調香師格札‧舍恩受託創作讚頌性別平等的「Feminista」香水。

[3] 時尚品牌透過香水提出社會的表態。Gucci的「Bloom」就是一例，形象廣告中以跨性別模特兒哈莉‧奈芙為主角。

永續氣味

沉香樹乍看並沒有特出之處，斑斑點點的瘦長樹幹與橢圓形的淺綠葉片，大概就是我們對熱帶樹苗外觀的想像。不過沉香樹（Aquilaria Malaccensis）從來不是以外貌吸引人類，我們是戀上它的氣味，很可能是地球上香氣最誘人的演化防禦機制的產物：沉香樹受真菌（Phialophora parasitica或Phaeoacremonium parasitica）感染時，樹木的核心會開始腐爛。為了自保，在亞洲又稱伽羅沉香（gharuwood）的沉香樹會滲出一種氣味甜美的黏稠樹脂攻擊異物，這就是烏木（oud）。

富含樹脂的沉香常用於焚香和香水，因為獨特的香氣，在中東文化中價值極高。

根據一份由Market Research Future主導的研究，全球的沉香精油市場將會經歷5.92%的年均複合成長率，在2025年之前達到兩億一百三十萬美元。烏木是香水中備受喜愛的原料，尤其大受歡迎，沉香樹遭到嚴重開採，現在已被瀕危野生動植物國際貿易公約（Convention on International Trade in Endangered Species of Wild Fauna and Flora）歸類受威脅物種。

盜獵者也深知沉香的高度需求，多年來到處砍樹，巴望著每幾棵樹就能中大獎（樹脂儲存在樹幹內部，必須劈開樹幹才能確認是否有烏木油）。這麼做的結果，導致原本健健康康的沉香樹變成一堆死氣沉沉的無用木塊。國際自然保護聯盟（The International Union for Conservation of Nature）和世界自然基金會（WWF）聯手密切監控與保護沉香樹，同時也在過去的原產地斯里蘭卡等過去的原產地復育沉香樹。

檀香也擁有相似的命運，整片森林遭到洗劫，只為了得到檀香製成精油。2015年，印度安德拉邦（Andhra Pradesh）警方與超過一百名正在塞沙傑勒姆森林（Seshachalrm）砍樹的非法伐木工正面衝突。警方射殺了二十名利用貪婪市場獲利的伐木者。世界各地的政

[1]

[2]

[3]

府努力逮捕每一名盜獵者，或是告上法院，有時候採取極端、甚至有失公正的手段以懲戒他們，然而購買這些非法商品的行業才是真正該負起責任的對象。美國的悠樂芳（Young Living）公司太晚才意識到，自家竟然採購從秘魯透過厄瓜多非法收穫的花梨木，因此遭罰款76萬美金。

香水市場持續成長中，大型集團想必也注意到直接開採自然資源的非永續性，以及不和種植者站在同一陣線的倫理危機。以奇華頓為例，該公司在寮國偏鄉社群執行計畫，支持生產安息香樹脂的人民，直接提供教育學程與經濟協助，減少人口向大城市外移。另一個例子是法國公司Payan Bertrand，在廣藿香產量一度占全球70%的印尼亞齊特區（Aceh province），以量身打造的發展計畫幫助受到內戰與海嘯影響的農人。

這類案例研究歸屬於國際香料協會（International Fragrance Association），該組織代表八家跨國公司，橫跨二十三個國家，創立初衷就是為了保證「世界各地使用與享受香氛的安全」。芭比・史特格曼（Barb Stegemann）是香氛公司「七美德」（The 7 Virtues）的領導人，支持阿富汗、盧安達和海地的小農，以公平的價格向他們收購香氣作物，最後製成良心產品系列，以「和平香水」（Peace Perfumes）為名販售。

消費者也常常因為沒有細心研究香氛的成分或來源，而受到怪罪。如果你是環保分子，那就一定會想了解公司的永續發展驗證，確保你最喜愛的香氛中沒有任何成分來自被殺死或遭關籠囚禁的動物（見〈異國氣味〉專文），或者瓶中的精油是以永續方式收成。透過區塊鏈確認或許是最簡單的方法。聯合利華開發了數位平臺與一款叫做SmartLab的應用程式，使用者可以掃描1700項美容和個人護理產品的條碼，了解成分與其來源，為產業帶來些許透明度。不過，雖然能夠在線上快速搜尋結果，獲得許多各品牌使用的原料的資料，卻沒有任何關於原料來源的資訊，也無法得知這些原料是否對環境安全，以及實際上如何回饋當地社會。

香水市場持續成長中，大型集團想必也注意到直接開採自然資源的非永續性，以及不和種植者站在同一陣線的倫理危機。

服裝製造與咖啡生產等其他產業已經開始落實當責計畫，讓顧客得以追溯產品到製作者或種植者。例如「時尚革命」（Fashion Revolution）與「公平貿易」（Fair Trade）標籤。雖然越來越多公司承諾永續採收，引發環保意識香水崛起，不過若要香水產業整體採用這些標準，或許還要一段時間。

[4]

[1] 德之馨等公司與廣大的國際供應商網絡合作，打造香氛成分中的原料。
[2] 現場評估薰衣草花田，這些薰衣草即將採收與蒸餾，做為消費者與產業用產品。
[3] 「和平香水」系列的「Rose Amber」（玫瑰琥珀）
[4] 七美德以「做香水不作戰」（Make Perfume Not War）做為品牌標語，付給當地農人公平市場價格購買其商品，使他們能夠自立。

人與物

業界大人物

要在混雜過剩的氣味風景中脫穎而出，必須具備知識、技能，以及高超的品牌行銷策略與創意。接下來，將介紹幾位業界最令人印象深刻的提案背後的關鍵角色。

亞歷桑卓・高堤耶里Alessandro Gualtieri（Nasomatto）

珍妮・堤洛斯頓Jenny Tillotson（eScent）

彼特・德庫佩爾Peter De Cupere（Olfactory Art Manifest）

錢德勒・柏爾Chandler Burr（The Emperor of Scent）

克里斯多夫・布洛席斯Christopher Brosius（CB I Hate Perfume）

薩絲琪亞・威爾森－布朗Saskia Wilson-Brown（藝術與嗅覺學院）

格札・舍恩Geza Schön（Escentric Molecules）

理查・古德溫Richard Goodwin（Philyra）

珍・朵芮Jeanne Doré（《鼻子》雜誌）

保羅・奧斯汀Paul Austin（Austin公司）

Alessandro Gualtieri
亞歷桑卓・高堤耶里

亞歷桑卓・高堤耶里有著彈珠臺般的旺盛精力與執著的個性，這名特立獨行的調香師跟著他那遠近馳名的鼻子，跑遍世界只為尋找不可預測的氣味。

生於義大利、定居阿姆斯特丹的怪才，曾為一家大型藥廠工作磨練經歷，卻在2007年單飛推出Nasomatto（納斯馬圖）品牌，負責創作離經叛道的香水，如充滿哈希什（hashish）氣息的「Black Afgano」（黑色菸草），以及向1980年代的高級毒品致敬的「China White」（白瓷）。Orto Parisi是他的最新計畫，為一系列強而有力的香氛，全球發售時完全沒有加上香氣結構或原料形容等常規資訊。

[1]　亞歷桑卓・高堤耶里的經典香水系列，
　　　從引起狂喜、帶有哈希什氣味的「Black
　　　Afgano」，到令人聯想到海洛因的「China
　　　White」。
[2]　不按牌理出牌的調香師亞歷桑卓・高堤耶里
　　　在位於阿姆斯特丹的實驗室工作。

[1]

你總是說，犯錯就是進步的關鍵，是否能給我們一個你的作品中「意外」之喜的例子？

　　Nasomatto系列中的香水「Blamage」（恥辱）就是對錯誤的讚歌。我們拍攝了關於這項創作的紀錄片，就叫做《鼻子：尋找恥辱》（*The Nose — Searching for Blamage*）。由於我的工作態度與模式，我總是不斷犯錯。對我而言，以某種感覺為基礎創作是非常重要的，如此才能持續尋找與探索。

哪一款創作最貼近你的內心？

　　「Megamare」（深海）屬於Orto Parasi系列。我在Orto Parasi的概念中放入許多痛苦，也混入興奮與喜悅。這項計畫是在愛爾蘭海岸尋找龍涎香十天、然後在加拿大認識了海參、品嚐日本海藻後誕生的。更不用說各種奇奇怪怪的體能挑戰，像是攀爬挪威的懸崖峭壁，在水底進行不尋常的實驗。這一切都帶來靈感，讓我創作出「Megamare」。

出色的香水應該為穿用者帶來什麼？

　　應該要能夠讓人提出問題。我希望人們在聞過我的創作後，會開啟新的思考，踏上自己的探索之旅，創造自己的故事。

現在，香水界與其他領域有什麼令你興奮的事嗎？

　　我準備著手進行一個和葡萄酒有關的計畫，至於這段時間以來，我都在製作嗅覺藝術品與表演。

對你而言，動物香調與人體氣味的魅力何在？

　　如果我們否認自身的自然狀態，就很容易誤入歧途。毫無預警的瞬間，往往能夠揭發出「真實性」，這個想法很吸引我。

如果我們否認自身的自然狀態，就很容易誤入歧途。毫無預警的瞬間，往往能夠揭發出「真實性」，這個想法很吸引我。

推出Nasomatto之前，你曾在大公司工作過。你創業時是否對品牌帶有某種原則？

我把自己放進創作裡，然後毫不保留地呈現出來，透過我的創作，把自己呈現在世人面前。

能告訴我是否有哪個童年的氣味故事影響了你的創作嗎？

我的父親是肉販。我的爺爺則會用水桶解決大小便，用來當肥料。

何時感到最開心？

當我感覺新作品可能快要成型的時候。

[2]

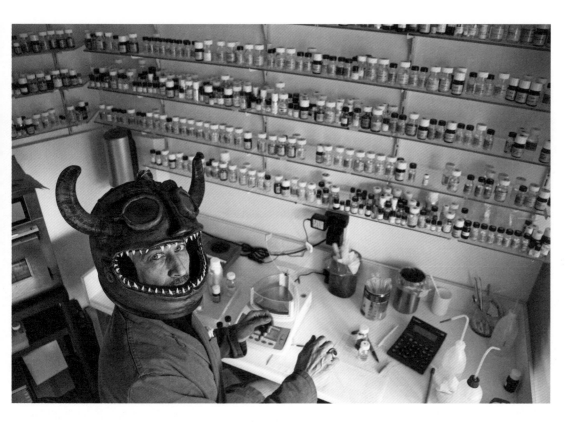

Jenny Tillotson
珍妮・堤洛斯頓

想像如果你的外套能感應到你的一天充滿壓力，因此散發出令心情平靜的香氣。或是在你的第一次約會時，創造各式各樣的費洛蒙。珍妮・堤洛斯頓博士以她的新創公司 eScent，在科幻領域中推出一款香氛。

她捨棄傳統香水的玻璃瓶，運用智慧型穿戴式科技以「香氣泡泡」裹住人體，很可能對香氛世界與其他領域帶來開創性影響。

堤洛斯頓早年在中央聖馬丁學院攻讀時尚，後來成為劍橋神經科學會員（Cambridge Neuroscience）與皇家藝術學會會員（Fellow of the Royal Society Arts）。

[1] 這款瓢蟲別針內有「香氛衣櫥」，能在一天
　　當中散發不同氣味陪伴穿戴者。

[2] 珍妮・堤洛斯頓說，她的eScent香氣散發別
　　針也能釋放迷幻藥物與人類費洛蒙。

[3] 「智慧型第二層肌膚」洋裝可透過香氣表達
　　情緒，同時讓穿戴者不受負面情感影響。

[1]　「香氣泡泡」是什麼？你是如何得到靈感的？

　　這個點子來自菲利普・迪克（Philip K. Dick）的科幻驚悚小說《尤比克》（*Ubik*），其中描述了「罐裝事實」的概念，這是一種閃閃發亮的金屬物質，從罐中噴出來的魔幻泡泡，可用來穩定活生生的夢魘。

　　eScent就是運用氣味的力量做同樣的事，不過是透過珠寶、服裝、配件、耳機等裝置散發氣味。我喜歡將之比喻為空間之旅，就像太空人戴上有「透明泡泡」的頭盔保護他們不受外在因素侵擾，eScent就是保護穿戴者免於壓力和生理時鐘紊亂。

智慧香氛比個人化香氛還要更前衛。你的科技會如何應用在日常生活中呢？

　　穿戴者可將個人化的「香氛衣櫥」存入珠寶或服裝，可以在早晨散發氣味讓你醒來，午餐時間在辦公室感到疲累時散發另一種氣味，也有帶動派對氛圍的氣味，最後是助眠的薰衣草香氣。

　　[2]各式各樣的資料輸入都可能觸發香氣，像是穿戴者的生理狀態、聲響、音樂類型、人聲、心跳……研究顯示，花朵擁有驚人能力感知周遭環境，像是蜜蜂發出的嗡嗡聲，就能讓花朵產生香甜花蜜。

　　eScent也會回應穿戴者的聲音、音樂、生理或心理狀態改變而釋放香氣，強化自尊心，改善心理健康。

eScent配備散發的液體氣味，有無限可能性？

　　eScent配備可以在軟體控制下散發任何液體，像是驅蟲劑、荷爾蒙、人類費洛蒙、抗鼻塞劑、防晒液體，甚至還可為慢性身心患者散發微量的致幻藥物，如迷幻蘑菇或LSD。我覺得透過衣物的藥物輸遞系統擁有極大潛力。由於數位氣味科技的發展，能夠恢復人們的嗅覺，將開啟人類從未體會的全新世界。

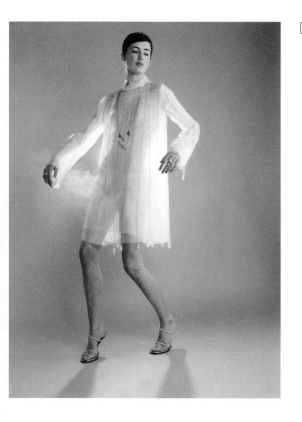

[3]

你認為在現代世界中人類是否沒有充分利用嗅覺？

　　史前時期的人類仰賴五感判別哪些東西可做為食物、知曉女性何時排卵、避開危險。人類並沒有喪失這些能力，但是我們變得依賴以其他方式呈現的資料。我的願望是幫助有知覺的現代人透過科技重新感覺生命，即時感受我們的身體與周遭環境。

你對eScent的目標是什麼？

　　我們計畫將這項科技嵌入智慧型織品和服裝，如此一來就有真正實用的智慧型衣物，例如我在中央聖馬丁學院（Central Saint Martin）時創作的「智慧型第二層肌膚」洋裝（SmartSecondSkin dress）。

　　這件洋裝的靈感來自小說家詹姆斯・巴拉德（J. B. Ballard）的一句話：「時尚就是接受自然只給我們一層皮膚是不夠的，將神經系統穿在外部才能全然感知。」概念是讓洋裝透過嗅覺成為溝通思想或情緒的媒介，嗅覺正是人類最古老原始的感官。如此一來，時尚就能保護穿戴者免於遭受恐懼或哀傷等負面情感。

讓你繼續這項計畫的動力是什麼？

　　我很關注心理健康議題與心理疾病去汙名化。我的成年生活中，絕大部分的時候都和躁鬱症共存，必須想辦法處理搖擺不定的心情。因此基於我的個人經驗，加上身為在全球心理健康危機中成長的三個孩子的母親，我真心相信、也冀望eScent一定可以帶來改變。

Peter De Cupere
彼特・德庫佩爾

彼特・德庫佩爾的工作與氣味為伍，無論是迷人香氣，還是令人反感的氣味。他住在比利時安特衛普，創作擦嗅畫，以小便斗芳香劑雕刻聖母瑪麗亞，還打造了一棵樹病毒（Tree Virus）裝置，散發強勁的薄荷和黑胡椒氣味，令造訪藝廊的人眼淚流不停。他發明了第一架氣味鋼琴（Olfactiano），2014年寫下〈氣味藝術宣言〉（*Olfactory Art Manifest*），呼籲大家「更努力地嗅聞」。他自己當然率先簽署，而且用的是一瓶封存超過兩年的自身氣味呢！

[1]　實驗嗅覺藝術家彼特・德庫佩爾在位於安特
　　　衛普的實驗室中工作。
[2]　小心接近：德庫佩爾的「煙雲」看似詩情畫
　　　意，卻帶有空氣汙染的氣味。
[3]　彼特・德庫佩爾的〈嗅覺藝術宣言〉使用耗
　　　時兩年、精心蒸餾的自身體味混合簽署。

[1]

為什麼你認為在藝術中，氣味是強而有力的創作工具？

氣味是發自內在的，而且擁有更多潛力。色彩固然很有力量，但是色彩的數量遠不及氣味。我們每天都要呼吸才能生存，每一次呼吸的同時就是嗅聞身旁的一切，因此氣味是和呼吸連結的。你也可以把氣味放在不同情境中。也許在未來，「新鮮空氣」就是全世界最昂貴的氣味！如果我把大海氣味做成瓶裝液體，每1毫升賣50美元，或許就能傳達這類訊息。

可以說說你的早期氣味經驗嗎？

[2]

四歲時，母親給我一個紅色小鼓，我在上面畫了草莓，覺得這樣每次打鼓的時候，好像就會聞到草莓味。八歲時，我創作出第一款香水，當時我想，有這麼多草，為什麼大家總是用花做香水呢？青草的氣味非常舒服，因此我用草創作了一款香水，當然很不專業啦，我的皮膚還被染綠了。然而，那天早上和母親一起搭公車時，人們都會心一笑，因為大家都聞到了鮮明的青草氣味，而且那是個隆冬天。

你的作品獲得最強烈的反應是什麼？

人們在美術館看見我的〈煙雲〉（Smoke CLoud），他們會把頭伸進這片美麗的雲朵中拍照，結果裡面的氣味很噁心，是空氣汙染的味道，雖然不具危險性。我在重現某種氣味時，無論是空氣汙染還是死人的氣味，專業公司很清楚如何運用頂空萃取技術分析氣味，並以安全但效果同樣強烈的分子取代有害分子。我有一間大實驗室，裡面存放了300到400小瓶子，不過準備大型展覽時，有時候我需要4到5公升的氣味，如果在室外，一個月就需要40公升。因此我會和大學與業界合作，找出解決方法。

人類越來越有興趣探索人體的氣味，我認為這和數位化有關。現在什麼都能在網路上找到，但是氣味必須親身體驗才行。

[3]

你用自己的氣味簽署〈嗅覺藝術宣言〉。你如何收集自己的氣味？

我希望宣言真的散發我的體味。我用了汗水、精液、糞便、腳味。但是我也不希望宣言散發臭味，因此我做了實驗。例如茉莉含有糞便中濃度最高的化學成分。我也想要有緊張、快樂的氣味，運動或性愛後的氣味，這些我都希望加入這款香水。舉例來說，關於萃取汗水，我連續兩、三天都穿同一件緊身棉質T恤，然後放進塑膠袋中，收集衣服上的細菌。整個計畫花了兩年才完成。

香水似乎常常用來掩蓋人的氣味，不過你一定不這樣使用吧⋯⋯

人們長久以來努力掩飾體味，不過我覺得情況正在改變。人類越來越有興趣探索人體的氣味，我認為這和數位化有關。人們對感官更有興趣了，對食物也是，因為現在什麼都能在網路上找到，但是氣味必須親身體驗才行。

Chandler Burr
錢德勒‧柏爾

錢德勒‧柏爾的著作《氣味皇者》（*The Emperor of Scent*）深入探索博學的瘋狂科學家，路卡‧杜林（Luca Turin）的奇特腦袋，看看他如何試圖解開人類嗅聞的奧祕，這本書於2003年出版。錢德勒‧柏爾的寫作橫跨虛構與非虛構文體，並成為《紐約時報》的首位氣味評論家，讚美或批評最新發表的氣味。柏爾致力於提升香水到藝術地位，曾擔任紐約藝術與設計美術館的嗅覺藝術策展人，舉辦奢華的「氣味晚宴」（scent dinner），結合香水與美食，轉化為精采絕倫的感官大師課程。

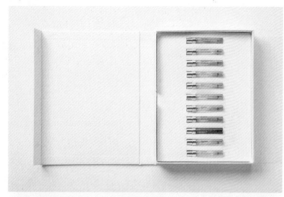

[1]　「氣味的藝術」展覽目錄。11種氣味搭配一本短文小冊,將每一種香氣放入不同的歷史脈絡。

[2]　藝術與設計美術館的「氣味的藝術1889~2012」革新了氣味相關的語言,將之轉變為藝術形式。

[3]　錢德勒・柏爾的著作《氣味皇者》。

[4]　錢德勒・柏爾的著作《完美香氣》。

[1]

對許多人而言,你的氣味書寫點燃了他們對氣味的興趣。那是誰引發了你對氣味的興趣呢?

當初踏進氣味世界完全是意料外的事。我在巴黎北站等待前往倫敦的火車時,遇見了一位生物物理學家路卡・杜林。在那之前,我從來沒有思考過香水。杜林當時正在試圖解開生物物理學的祕密:我們並不知道人類是如何嗅聞的。嗅覺是最神祕的感官,然後我就此著迷了。我開始寫書,不過很快就明白杜林對香水的痴迷,

[2]

他對這門不受承認的藝術形式付出的心血完全不下於科學。我就這樣進入了香水的世界。

香水界常會出現讓人腦袋打結的語彙,你的香氣書寫裡沒有這類語彙,為什麼?

對香水而言,最重要的就是如何形容香氛原料(媒材:黏土、金屬、顏料、單字),以及用這些原料創作出來的作品(藝術品、雕塑、畫作、文學)。我們使用的語言是最根本關鍵的,無論媒材是否被認可、理解、喜愛,並且在大眾文化、商業與藝術中具有影響力。

我的想法是,談論氣味時,終究還是得運用藝術史的語言,以探討視覺藝術的方式討論氣味作品。就算沒有藝術史的學位,人人都能理解山姆・畢京柏(Sam Peckin pah)的電影是寫實主義,麥可・曼恩(Michael Mann)的風格是黑色寫實主義,伊納利圖(Alejandro González Iñárritu)是魔幻寫實主義,黑澤明則是超現實主義的最佳典範。大家對電影的理解都沒有困難,那為什麼香水要如此難以親近呢?

為了強調這種類比法,我們有一套電影分類的基本字彙,像是劇情片、浪漫喜劇、驚悚片等。這就是Netflix和Imdb使用的方法。但是我們怎麼沒有這類關於香水的語彙呢?只有不斷簡化的業內人士晦澀行話,將每一款香水簡化至其中的原料,不熟悉專有名詞的人根本聽不懂。「醛調是什麼鬼?」香水中用了醛類。「呃,所以醛調到底是什麼鬼?」

拿到香氣物質時，人們常常會閉上雙眼嗅聞。其實保持雙眼睜開嗅聞，會讓氣味更準確。嗅聞原料時要一一辨別是極度困難的，不過這正也是最有趣的部分。

[3]

[4]

麝香、柑橘調、綠色調、香料香調、水生調、醛調、花香調、果香調、辛香料、廣藿香、木質調、西普調、東方調。到底在搞什麼啊？只有香氣產業的專業人士和極少數受過訓練的部落客才知道什麼叫「麝香」；一般人的觀念則錯得離譜（99%的人大概以為麝香味就是沒洗的腋下氣味）。柑橘調？這也太貧乏了吧。綠色調？廣藿香？說真的誰會知道綠色調或廣藿香是什麼啊。如果你以為人人都知道，肯定誤會了什麼。西普調根本就是搞笑。

把這些毫無意義的語言強加在大眾身上，反而會過度簡化香水，這和我們（正確）談論所有其他藝術作品的方式完全背道而馳。再說，如此一來就能確保沒人能搞懂香水是什麼鬼東西，這種語彙根本就是為了讓人不知道怎麼買香水而發明的吧！

研究人類嗅覺的過程中，哪些是令你最驚喜的事呢？

人們常常會閉上雙眼嗅聞，其實保持雙眼睜開嗅聞，會讓氣味更準確。我們能夠聞到原子，如果分子中有硫原子，我們就會聞到那些原子。由於我們沒有受過訓練，嗅聞原料時要一一辨別是極度困難的，不過這正是最有趣的部分。

最讓你抓狂的香水誤解是什麼？

認為氣味，包括薄荷、燃燒的塑膠、茉莉、貓（臭死人的）嘴味是「全然主觀」的想法實在荒謬至極！對啦，氣味確實就和色彩或音調一樣主觀。橘色看起來像橘色，薑聞起來像薑，A小調聽起來像A小調。不管你是否喜歡橘色（漆滿整個房間？）或薑（讚啦！）或是依照你的喜好將橘色系或薑應用在香氛中。不過「這些都很主觀啦」真是夠了！這些他媽的一點也不主觀！我也受夠了氣味和記憶的老掉牙理論，難道你覺得視覺或聽覺和記憶的連結就比較弱嗎？你應該在某處聽過爸爸以前常常唱的歌吧？拜託，真是夠了！

[1]

你在紐約美術與設計美術館策劃了影響深遠的「氣味的藝術」展覽，香水一定要氣味好聞才能成為藝術嗎？

　　當然不是啦。氣味宜人？我就聞不懂多明尼克・侯彼恩（Dominique Ropion）的「Alien」（異形），不過阿爾貝托・莫里亞斯（Alberto Morillas）的「Mugler Cologne」（青淨古龍水）我就無法抗拒，但是我能夠客觀理解這兩款香水以表現方式而言都是出色的作品。兩

[2]

者的架構與表現技巧皆無懈可擊，在美感方面也深具開創性。「好聞」不是評斷標準，「好」才是。只不過，人們對藝術的好惡倒是很主觀的。

能形容你舉辦的「氣味晚宴」中最精采的一場嗎？

　　我在托爾納布歐尼飯店（Palazzo Tornabuoni）和主廚維托・莫力卡（Vito Mollica）辦了一場晚宴，他真是

[3]

溫和善良的人，也是極富創意的頂尖主廚。最棒的就是每上一道菜，正式感也逐漸消失，到了最後兩、三道菜時，廚房團隊的所有成員，包括備料廚師和服務生，全都現身為開心的賓客上菜，賓客們興奮地與他們交談，試香紙傳來傳去，讓廚房全體人員嗅聞，賓客們享用了主廚對氣味的詮釋後，都踴躍發表感想。現場簡直就是《芭比的盛宴》（Le Festin de Babette），人與人的連結散發溫暖的光輝，我們簡直想把自己關在飯店裡，好讓這場盛宴永遠持續下去。

[1][2]　錢德勒・柏爾的「氣味晚宴」，結合高級
　　　　餐廳與氣味和香水的大師課程。
[3][4]　每一道可食用的料理都會搭配含有料理香
　　　　調的特定香水。

我希望看到數量驚人的人們對香氛的一切產生興趣，並懂得欣賞香氛創作、香氛之美。先不論香氛是深奧還是淺顯，穿用精采的香氛絕對可以改變他媽的人生！

和我們說說你現在對香水界最令人欣喜的事吧？

Chanel的「Paris-Deauville」（杜維埃）很另人欣喜。調香師出現在公眾視野中，並且被認可是真正的藝術家，也很令人欣喜。上禮拜我聞到以二氧化碳萃取技術取得的廣藿香也非常令人欣喜。

你認為氣味的未來是什麼？

如果有一臺讓人們能夠打造自己香水的機器，這一定會非常有意思。因為，要成為傑出的香水藝術家，必須擁有博大精深的專業技術，還要有數不清的原料經驗。而如果有這樣的機器，說不定就會出現超級多出色作品。不過，我希望看到數量驚人的人們對香氛的一切產生興趣，並懂得欣賞香氛創作、香氛之美。先不論香氛是深奧還是淺顯，穿用精采的香氛絕對可以改變他媽的人生！

[4]

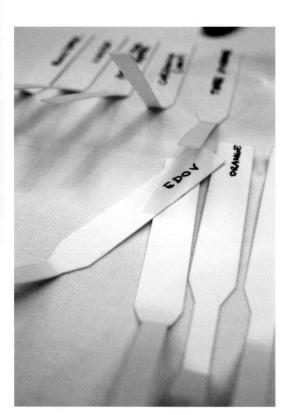

Christopher Brosius
克里斯多夫・布洛席斯

「Wet Pavement London」（倫敦溼路）、「Black Leather Jacket」（黑皮衣）和「Doll's Head」（娃娃頭）是標新立異的調香師克里斯多夫・布洛席斯的迷人獨特創作。1990年代初期，他創立自己的第一家公司，製作獨特的單一香調香水，如「Glue」（膠水）、「Snow」（雪）、「Dirt」（泥土），早在世人認識小眾香氛之前，就已經推出一系列獲得巨大成功的嗅覺藝術。2004年，他創辦CB I Hate Perfume，品牌名稱是向他寫在網站上的激情宣言致敬，以傳達他的不滿（太多香水常常過於裝腔作勢），與他認為香水應有的模樣：人們真實樣貌的隱形肖像。

[1]

1980年代時，你正在紐約街頭開計程車，發現自己討厭乘客的香水味……

直到今日，如果我遇到非常幹練的司機，我一定會給他們豐厚小費，因為我很清楚他們忍受的一切！你會見到從最高級精緻到最荒謬可笑的各種人事物，偶爾還會碰上真正糟糕的事。我注意到自己對氣味非常敏感，不過，因為計程車是密閉空間，會放大氣味。香水真的太恐怖了，招搖張揚、令人反胃、目中無人，完全是優雅奢華的相反。美麗的事物絕對不應該令人感到生理不適才對。

你從何時開始實驗自己調香？

我後來在契爾氏（Kiehl's）工作，簡直像是讀了個美妝產業的速成博士學程。他們的精油種類琳瑯滿目，於是我開始實驗，隨身帶小筆記本，以遊戲的心情記下比例和原料。隨著時間過去，我開始為契爾氏比較特別的客戶調香。

[2]

像是辛蒂・克勞馥（Cindy Crawford），對吧？

沒錯，她是非常實際的女性，喜歡契爾氏的麝香、小黃瓜，還有一些其他東西，然後說：「與其帶這麼多瓶瓶罐罐到處跑，可以把這些做成一瓶產品就好嗎？」於是我放膽嘗試。不久之後，她在拍攝「In The Bag」特輯時，那一小瓶Cindy C.就在辛蒂的包包裡。特輯刊出的整整一年之間，我的電話一直響個不停。

你的早期創作「Snow」和「Dirt」大受歡迎，你認為受到強烈迴響的原因是什麼？

當時我想，如果我要做香水，那就要做和既有的香水不一樣的東西。我想加入什麼，還是改變什麼？

許多靈感來自法國作家柯蕾特的作品，她的許多書寫都是關於生命中被忽略但美好的微小細節。「Dirt」是某年我正在整理花園時想到的。當時的賓州正值三月初，我正在為春季準備花圃。挖著挖著，我希望無論如

[1]　克里斯多夫・布洛席斯的團隊在澤西市的CB Olfactory將小批香水裝瓶。
[2]　布洛席斯是概念性香水的先驅，功不可沒。

你聞到某個東西，突然間彷彿重新經歷記憶中的某件事，還有隨之鋪天蓋地而來的感覺。

何都能將這股氣味裝入瓶中。

我從自家花園帶了一鏟泥土到其中一間當時合作的香氛實驗室，啪的一聲倒在會議桌上說：「我要這個氣味。」當時我以為，這完全是我的私心之舉。出乎意料地，這竟然變成我們最暢銷的香水，而且持續暢銷超過十年。

很多事物，只要從日常生活中的脈絡抽離，讓它們被好好欣賞，就會發現生活中有太多事物擁有迷人氣味。例如大海的魚腥味和海草味。最近我在某個地方讀到，有位異想天開的獨立調香師捕捉了「太空的氣味」。其實太空是人類無法真正體驗的東西，因為太空是真空的，就像人類無從了解狗如何透過嗅覺感知世界。我們永遠不會知道馬里亞納海溝（Mariana Trench）底部是什麼氣味，因為那是無法進入的封閉世界。如果有人想要追求這類事物，那也很好，不過我認為實體世界中尚有太多被我們無視忽略的事物。

你對獨立香水的崛起功不可沒，整體而言你覺得這是好事嗎？

談到這些擺脫束縛、傾巢而出奔向世界的獨立調香師，我確實覺得自己有點像潘朵拉和她的盒子。老實說，我從不認為世界需要更多香水，而是需要更優質的香水。1980年代和19990年代初期，我目睹高級香氛產業崩解：香水產業在1970年代晚期，每年也許只會發表二十五款新香水，從這樣的小規模轉變為每年推出數千款新香水，然而市場必沒有擴張到能應付席捲而來的香水。太多千篇一律，無趣、了無新意的香水，也有很多香水平庸乏味到令人厭煩。

獨立調香師崛起後，我看見獨立市場正在發生一模一樣的情況，充斥太多一成不變的乏味香水或品質低劣的東西。人們誤以為我是某天早上在賓州的玉米田中央醒來，然後就決定「我要做香水。」我根本不是業餘人士，我決定要獨立製作香水的時候，已經在業界擁有七年的紮實經驗。因此當我看到有人突然決定要做香水，然後就跑去連鎖書店買幾本書？拜託，獨立香水才不是這樣搞的！

[1]

你的哪一款香水最貼近你的內心？

我只穿用自己做的香水：「Memory of Kindness」（善良的記憶）聞起來像番茄葉，是我多年來的最愛；「Invisible Monster」（隱形魔物）的強勁青檸檬氣味總讓我想起小時候在河邊打發時間。還有「Snow」，「Snowstorm」（暴風雪）是我在那系列中的最愛。我在賓州中央長大，那裡到處都是森林、田野、那條河，各式各樣的天候，冬天還會下很多雪。

《蝴蝶夢》（Rebecca）的小說和電影版中有一段奇怪的情節。電影中，德溫特夫人（Mrs de Winter）正在搭車，她說：「如果能發明一種東西，可以將記憶像氣味一樣保存在瓶子裡，可以隨時打開蓋子，一遍又一遍地重溫記憶，那不是很棒嗎？」大致上，那就是嗅覺反應的運作方式。你聞到某個東西，突然間彷彿重新經歷記憶中的某件事，還有隨之鋪天蓋地而來的感覺。

目前在工作中最讓你興奮的是什麼？

我全心專注在經歷嗅覺體驗的全新方式，也可以說是以不同的方式接觸氣味。去年我為庫柏休伊特設計博物館（Cooper Hewitt, Smothsonian Museum）製作暴風雪裝置，是一座會搖盪的懸吊式圓頂，掛滿藍色絨球，從下面走過去時就會逐漸注意到這股降雪的氣味，甚至有訪客信誓旦旦地說溫度真的降低了。

我也一直在製作好幾件新香水，其中一款是以舊款打字機色帶和削過的鉛筆氣味為基調，叫做「It's a Dark and Stormy Night」（幽闇暴風夜）。我現在正在構思以理查・史特勞斯（Richard Strauss）的《最後四首歌》（Vier letzte Lieder）為靈感創作四款一組的香水。

說來有趣，當時我在我的計程車上收聽紐約愛樂電臺（WQXR），第一次聽見這些曲子的演奏，心想這真是我聽過最美麗的音樂，現在我依然這麼認為。對當時的我來說，這些曲子就是關於死亡的美麗與慰藉。我一直努力捕捉那股那些曲子散發的安詳壯麗氣味。我從未製作過如此抽象的作品，不過，我現在知道該怎麼做了。

[2]

[1]　所有的香水皆出自布洛席斯的設計。他視香
　　　氣為「關於我們樣貌的無形肖像」。

[2]　CB Olfactory提供實驗室與布洛席斯的嗅覺藝
　　　術的參訪和私人導覽。

Saskia Wilson-Brown
薩絲琪亞・威爾森－布朗

如果你曾經思考中世紀的君士坦丁堡，或是凡爾賽宮裡路易十四掛滿水晶吊燈的沙龍氣味，薩絲琪亞・威爾森－布朗的嗅覺工作坊就是進入氣味歷史的醉人入口。這位古巴英國裔、洛杉磯在地人威爾森－布朗創辦了藝術與嗅覺學院（Institute Art and Olfaction），致力於分享氣味的知識，並且大力推動氣味創作界限的非營利先驅機構。總部位於洛杉磯中國城掛滿燈籠的狹窄街道上，是以香氣做為藝術，純粹的享受空間。

[1]　位於洛杉磯市區的藝術與嗅覺學院（IAO）課程。
[2]　IAO與許多大型藝術機構合作，開啟氣味的創造力。
[3]　從傳統香水，到氣味與靈性、大麻，以及性愛與氣味，課程豐富有趣。

[1] **你曾說氣味具有「顛覆」的能力。可以舉例說明嗎？**

在特定情況下，氣味可以與期待背道而馳喔！如果比佛利山莊優雅的購物中心注入突如其來的不搭調氣味，人們可能會停下腳步。或是廢棄空屋散發高級旅館的氣味。我們的感知會以最微妙的方式改變，而氣味就是這般悄然無聲地，展生了顛覆的力量。

[2] **和我們聊聊藝術與嗅覺學院，以及為何成立這個機構吧！**

我想要學習如何以藝術家而非調香師的身分運用氣味創作，然而大部分的現行教學系統都是為了替香水產業打造生產線人才，或是以教課之名行促銷之實，我決心改變這一點。如果香水是一門藝術，人人都該有權利使用氣味創作，而且創作工具應該要唾手可得。

你在藝術與嗅覺學院的工作坊真的讓歷史活過來了，可以分享一些工作坊中的故事嗎？

我最喜歡的幾個「也許為真」的故事，包括：克麗奧佩托拉用香油浸透她的船帆，如此一來，沿著尼羅河航行時，人們就會聞到她的隨行人員的香氣；瑪麗・安東尼喬裝成村姑試圖逃離法蘭西的時候被抓到，原因是沒有穿成那樣的人還聞起來這麼香；還有尼祿命令僕人將鴿子浸泡玫瑰油，然後讓牠們在宴會的時候飛上天。我從來沒有宣稱這些未證實的資料來源是事實，不過我好希望這些是真的，因為很詩意。

你和大型藝術學院合作。可以說說你最喜愛的合作計畫嗎？

我最引以為傲的合作計畫是在漢默美術館（Hammer Museum），計畫叫做「十六分鐘遊日本，再臨」（A Trip to Japan in Sixteen Minutes, Revisited）。我們重現作家薩達基奇・哈特曼（Sadakichi Hartmann）失敗的氣味

如果香水是一門藝術，人人都該有權利使用氣味創作，而且創作工具應該要唾手可得。

音樂會；這件作品最初於1903年為紐約一間前衛劇場製作，卻在最後一刻，被放到歌舞雜耍表演之後。

當時劇場中的觀眾抽菸，而且期待看到比基尼美女。這場音樂會澈底失敗，哈特曼被噓下舞臺。我們將表演升級到二十一世紀的規格，搭配電子和擬音的聲音景觀，還有自動化機器對著觀眾發送氣味，解釋前往日本的當代旅行（飛機、霓虹燈、旅館）。門票銷售一空，因此在某種意義上，我們並沒有成功地準確重現原本的失敗，哈哈！

去年你發布「開源氣味文化」（Open Sourcing Smell Culture）新計畫。這項計畫的使命是什麼？

我們想要為香氛產業打造符合創用CC（creative common）、公眾領域（public domain）與合理使用（fair use）機制的共享模式，這些在其他創意領域中都非常普遍。計畫的核心就是我們的「實驗性氣味實驗室」（Experimental Smell Lab），我們在網站上分享一切資訊，包括我們的庫存、供應商等。開放原始碼非常重要，因為沒有分享就無法運用資源。無法運用資源就不會有進步。創作本來就注定要彼此模仿。

你也深入社會運動與公共實踐的空間。是否能告訴我們這些計畫呢？

某項計畫是利用氣味幫助南洛杉磯遊民收容所中的人找到創意出口。「遊民」是抽象且脫出常軌的身分，我們想幫助他們重新與社會建立的連結。我們在「香氛花園」種下許多香氣植物，之後會在音樂會中與收容所的人一起採收蒸餾。很單純、很初階的概念，卻是個能將香氣帶入公共實踐，又幫助人的美好計畫。

[3]

Geza Schön
格札·舍恩

叛逆的調香師格札·舍恩比喻自己的突破性香水「Molecule 01」就像「嗅覺巧克力」。這款香水僅含單獨一種合成分子，也就是Iso E Super，驚人的極簡手法，在香水世界中引發一陣小小革命。

2006年推出「Molecule 01」後，舍恩又推出三款單一分子香水與Escentrics系列，是將最初的「Molucule 01」加以發揮。他在位於柏林的實驗室中，與多位傑出女性合作，推出美麗心境（Beautiful Mind）系列，機智地回應市場上浮濫的名人香水。

[1]
在「Molecule 01」問世之前，Iso E Super只會與其他成分混合使用。你如何想到這款單一分子可以獨挑大梁？

1990年時，我在一名友人身上試用Iso E Super，然後我們去酒吧，還不到十分鐘，就有一名女性一動也不動地站在我們面前問道：「這是誰的味道呀？太好聞了！」就是這個出乎意料的經驗，讓我明白這成分本身就是絕佳的武器。

據說有些人穿用「Molecule 01」時在路上被追著跑。你會怎麼形容它的氣味？

Iso E Super被歸類在木質調成分，接近雪松的調性，不過也帶有柔軟的性感觸感。這個分子有多種面貌，但是現在已被證實能刺激人類仍保有的五個費洛蒙受器之一。所以是真的，你可能會在街上被追著跑……

「Molecule 01-04」分別使用單一分子，這種極簡主義對你的魅力何在？

或許你可以說，香水中的成分越少，越能展現其活力與能量。香水必須要能夠呼吸和持久，也需要散發光芒，才能發揮魅力。我認為在現今過於複雜、資訊飽和的世界中，任何單純之物都比繁複事物更令人欣賞。

[2]
創作新香水的時候，你追求的是什麼？

嗯，最好是一款能訴說小故事的香水。起點有很多可能性，像是單獨一種原料就能帶來足夠靈感，一朵花、一個字、一種顏色、食物、不同的文化，甚至過去創作的香水也能賦予你足夠的空間重新詮釋原始概念。

「*Molecule 01-04*」分別使用單一分子，這種極簡主義對你的魅力何在？

美麗心境系列的靈感來自何處？

其實這個系列是受芭黎絲·希爾頓（Paris Hilton）的第一款香水啟發。我的想法是，如果像她在當時簡直是史上差勁榜樣的人都能推出香水的話，那這就是正義與香水產品的末日了。因此我必須反其道而行，選擇不是含著金湯匙出身的聰慧繆思，代表實際付出的努力和用心。

記憶力冠軍克莉絲蒂安娜·史坦格（Christiane Stenger）就是最完美的答案。她運用的技巧簡單易懂，也很容易上手。我教導她香水的基礎，因為我需要她成為這款香水的共同作者。如果繆思只是簽個支票說：「喔，我最喜歡B款香水」，這樣豈不是很蠢嗎？

你目前穿用哪一款香水？

IFF不久前推出一款絕妙的薑油。我第一次聞到時，就很明白一定要以它為主題創作一款香水，名字就叫做「Ginger Man」（薑黃男子），也就是我這陣子使用的香水。

[3]　　　　　　　　　　[4]

[1] 格札·舍恩在位於柏林的實驗室中工作。
[2] 「Molecule 01」是四款單一分子香水之一。每一款香水皆有Escentric系列的對應版本，也就是在原本的單一分子中加入其他香調搭配。
[3] 記憶運動員克莉絲蒂安娜·史坦格與舍恩共同創作美麗心境系列的「Volume 1：Intelligence & Fantasy」。
[4] 芭蕾舞者波麗娜·瑟米歐諾娃與舍恩合作，創作美麗心境系列的第二款香水：「Volume 2: Precision & Grace」。

Richard Goodwin
理查・古德溫

2019年，史上首度由人工智慧設計的兩款香水，登陸巴西的商店貨架，專攻千禧世代客群。

這兩款香水（Egeo On Me和Egeo On You）背後的主腦，或者該說位元組，是名為Philyra的人工智慧工具，由IBM研究中心和德之馨共同開發。Philyra運用機器學習網羅香水數據，給出能引發特定族群的共鳴，也能變化出全新組合。

理查・古德溫博士就是研發Philyra的IBM研究中心科學家。

[1]

利用人工智慧創作香水很有科幻感呢。*Philyra*是如何運作的呢？

它運用全新的進階機器學習演算法，仔細篩選不盡其數的香水配方與數千種原料，幫助辨認模式與新奇的組合。因此Philyra不只是單純提供靈感，還能透過探索香水的整體地貌，在全球香氛市場中找出「處女地」（white space），設計出前所未見的香水配方。

這會讓傳統的香水師失去地位嗎？

並不會，高級香水是一門藝術也是科學，要花費長達十年的訓練才能精通。Philyra的身分比較像學徒，只不過沒有嗅覺，因此人工智慧並不會取代香水大師。Philyra能夠檢視香水歷史，學習不同年代香水師創造的配方，不過仍需要調香師的專業能力。

今年*Philyra*設計兩款新香水，目標客群是巴西的千禧世代。*Philyra*為他們打造了什麼類型的香氛？

為「千禧男性」設計的香水的特色是葫蘆巴、小荳蔻、胡蘿蔔籽與其他成分，並以牛奶與奶油香氣的豐潤基調包覆。為「千禧女性」製作的香水則是果香與花香，並帶有桂花茶、荔枝與廣藿香的香氣。

德之馨使用Philyra為美妝公司龍頭O Boticário設計了兩款香水。由系統提出初始配方，再讓香水大師稍加修飾，突顯某些香調，改良在肌膚上的持香度。Philyra對消費者偏好的事前理解，能讓調香師專心將最終香水雕琢至完美，不必花費時間研究新的香氣組合。同時，O Boticário也能應用人工智慧，為特定族群和個性量身打造香水。

[1] 與IBM研究中心共同打造出Philyra的德之馨實驗室。
[2] Philyra的千禧世代香水：Egeo On Me女香（左）與Egeo On You男香（右）。
[3] 德之馨的薄荷醇生產過程。Philyra可全面掃描德之馨的龐大香氣配方索引，找出全新組合。

*Philyra*能透過探索香水的整體地貌，在全球香氛市場中找出「處女地」，設計出前所未見的香水配方。

這項科技的長期可能性是什麼？

　　還有其他許多種應用方式，像是設計風味、彩妝、洗髮精或洗衣去汙劑等產品，以及黏著劑、潤滑劑或建材等工業產品。此部分目前尚在研究階段，不過這項科技潛力十足，一定能幫助無數產業提升，並找出最佳的創意設計過程。

[3]

Jeanne Doré
珍・朵芮

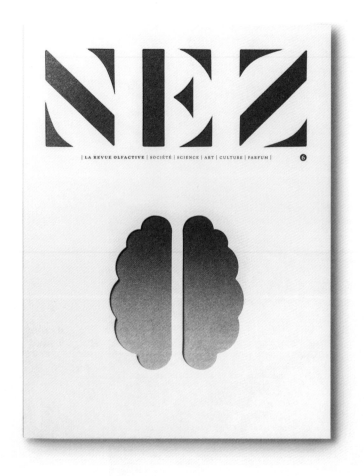

翻閱《鼻子》（*Nez*）雜誌內頁，竟變成阿姆斯特丹或肯頓市集（Camden Town）的香氛旅行，在愛情的氣味上冥想，以及成癮性毒品的氣味。

《鼻子》創辦於2016年，是來自巴黎的開創性半年刊，運用其敏銳的鼻子探索五花八門的嗅覺主題，開啟千奇百怪的題外話，像是波特萊爾和安迪・沃荷、昆蟲的嗅覺，或是節慶時家中的氣味。

共同創辦Auparfum網站的作家珍・朵芮，正是本雜誌充滿熱情的總編輯，召集調香師、神經科學家、藝術家與哲學家，共同寫下別具一格的內容。

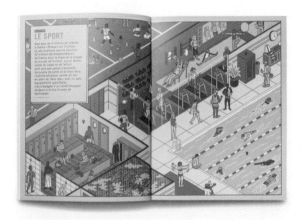

《鼻子》雜誌以廣闊的視角探究嗅覺，範圍橫跨文學、歷史、科學、香水，撰稿人從學者到藝術家都有。每一期都會附上特製的針管香水「氣味風景」。

你覺得現下關於氣味的話題是否缺少了什麼，是《鼻子》可以提供的？

我們想要探討歷史、科學、藝術、美食、文學等盡可能多樣化的主題，不過是以截然不同的角度切入，那就是嗅覺。2005年左右，香水部落格如雨後春筍般出現，與小眾香水的擴張時間點不謀而合，還與市場的蛻變同時發生，嗅覺世界在藝術與科學方面看見了某種機運。

我們創辦雜誌時，一般大眾已經準備好進一步學習了。我們的文章主筆人不只有記者，還有專家、調香師、學者。我總是要求編輯寫我自己想要閱讀的文章！扮演重要角色的排版和字型則交由設計公司Atelier Marge Design打理，我們希望這本雜誌能把香水從只是消費品的印象中帶離開來，並彰顯出香水的文化價值。

《鼻子》的讀者是誰？必須喜歡香水才能開心閱讀這本雜誌嗎？

有些業界人士不遺餘力地支持我們，閱讀雜誌。有些人甚至把《鼻子》拿給相關行業的親友，幫助他們了解自己的工作呢！當然也有香水愛好者族群，以及一大群由充滿好奇心又喜愛漂亮雜誌的人所組成的讀者群，因為除了香水內容，《鼻子》撰寫的主題非常廣泛，從十九世紀文學、原生藝術，甚至還有肉的氣味。

你最引以為傲的特色是什麼？

平面設計最讓我感到驕傲，即使是繁複的科學概念，讀者也能一目了然。《鼻子》第五期中關於分子的專題，或是《鼻子》第三期的社會性別地圖都是很好的例子。採訪也讓調香師能夠發聲，其中一位調香師說，依照他母親之見，《鼻子》的專訪是有史以來出版過最精采的採訪呢！

《鼻子》的整體願景是全方位探索人類的嗅覺，以及與我們建立起與氣味相關的文化。

你是Auparfum網站的共同創辦人。Auparfum網站和《鼻子》之間有什麼關係嗎？

團隊裡的人，幾乎是同時經營網站和雜誌。Auparfum一直以來主要聚焦在香水上，尤其是香水評論，不過，也會反應時事。

如果要全面地了解香水，就必須深入了解嗅覺，要了解嗅覺，就必須認識歷史、文學、神經科學、植物學等。簡單來說，就是要建立嗅覺的文化。《鼻子》的整體願景是全方位探索人類的嗅覺，以及與我們建立起與氣味相關的文化。

你如何踏入氣味的世界？氣味為什麼吸引你？

我想，很多人小時候總是聞著媽媽的香水。對學化學的我而言，香水提供了沃土，發覺這一行是不錯的出路。總之，我相信整體來說，對氣味敏銳只是所有感官敏銳的一部分，而氣味最終只是媒介，透過嗅覺這個感官與情感過濾器，使我們得以表達周遭世界事物的手段。

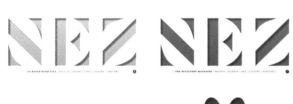

你覺得在氣味領域中，誰的作品很有意思？

我很欣賞薩絲琪亞・威爾森－布朗和她的藝術與嗅覺學院，具體展現出香水毫不複雜的態度，不受經常太過死板的法式規範拘束。我也非常尊敬路卡・杜林不對香水產業妥協的洞見。

你也是藝術與嗅覺大獎的評審，你想在優勝者身上看見什麼？

我最喜觀盲評所有樣本的時刻了，全神貫注在香水對我訴說的故事、情緒、感覺，不過技術表面當然要達到水準。我不會試圖分析香水，而是找出富含最多感情的作品。

The narcissus
in perfumery
—
NEZ · LAB the naturals notebook

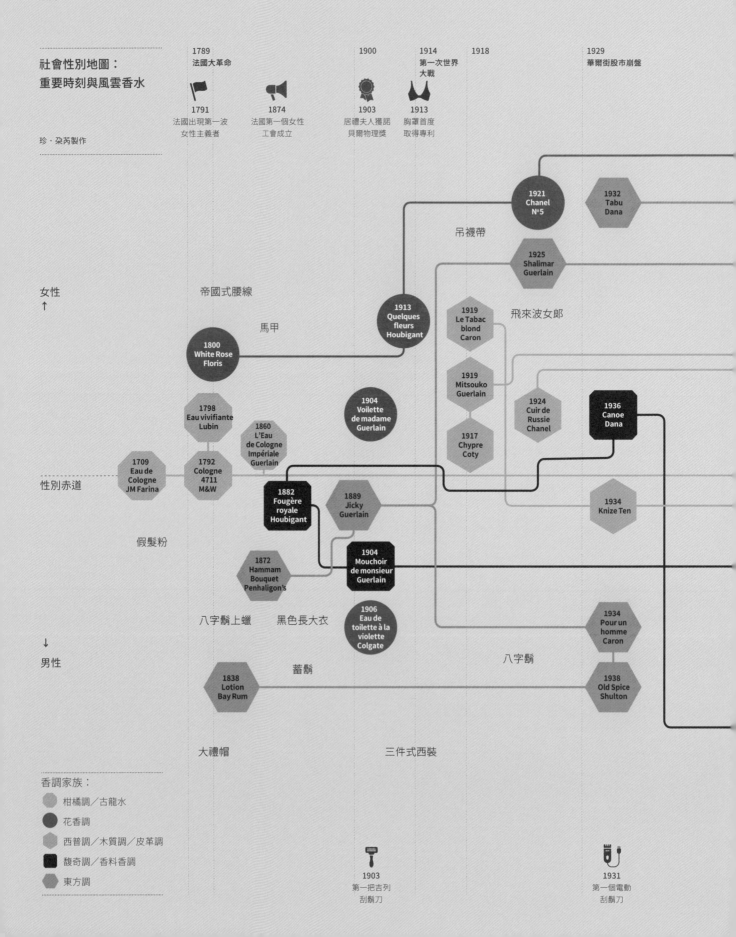

社會性別地圖：
重要時刻與風雲香水

珍・朵芮製作

1789
法國大革命

1791
法國出現第一波
女性主義者

1874
法國第一個女性
工會成立

1900

1903
居禮夫人獲諾
貝爾物理獎

1914
第一次世界
大戰

1913
胸罩首度
取得專利

1918

1929
華爾街股市崩盤

女性
↑

帝國式腰線

馬甲

1800
White Rose
Floris

吊襪帶

1921
Chanel
N°5

1932
Tabu
Dana

1925
Shalimar
Guerlain

1913
Quelques
fleurs
Houbigant

1919
Le Tabac
blond
Caron

飛來波女郎

1798
Eau vivifiante
Lubin

1860
L'Eau
de
Cologne
Impériale
Guerlain

1904
Voilette
de madame
Guerlain

1919
Mitsouko
Guerlain

1924
Cuir de
Russie
Chanel

1936
Canoe
Dana

1709
Eau de
Cologne
JM Farina

1792
Cologne
4711
M&W

性別赤道

1917
Chypre
Coty

1882
Fougère
royale
Houbigant

1889
Jicky
Guerlain

1934
Knize Ten

假髮粉

1872
Hammam
Bouquet
Penhaligon's

1904
Mouchoir
de monsieur
Guerlain

八字鬍上蠟

黑色長大衣

1906
Eau de
toilette à la
violette
Colgate

1934
Pour un
homme
Caron

↓
男性

八字鬍

1838
Lotion
Bay Rum

蓄鬍

1938
Old Spice
Shulton

大禮帽

三件式西裝

香調家族：

柑橘調／古龍水

花香調

西普調／木質調／皮革調

馥奇調／香料香調

東方調

1903
第一把吉列
刮鬍刀

1931
第一個電動
刮鬍刀

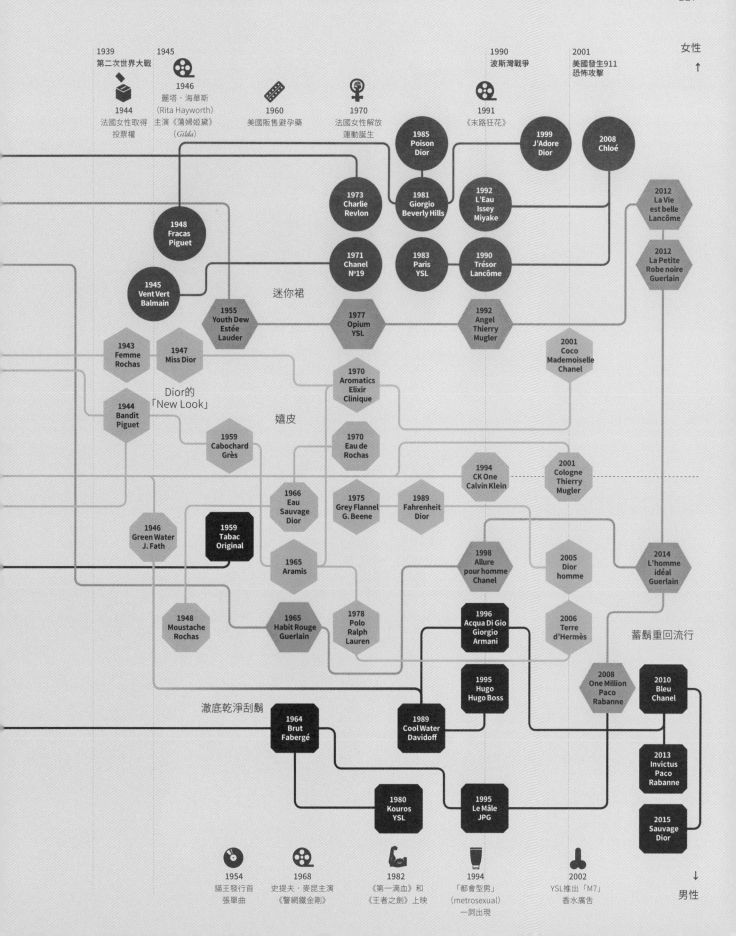

女性 ↑

1939
第二次世界大戰

1945
1946
麗塔・海華斯
（Rita Hayworth）
主演《蕩婦姬黛》
（Gilda）

1944
法國女性取得
投票權

1960
美國販售避孕藥

1970
法國女性解放
運動誕生

1990
波斯灣戰爭

1991
《末路狂花》

2001
美國發生911
恐怖攻擊

1985
Poison
Dior

1999
J'Adore
Dior

2008
Chloé

2012
La Vie
est belle
Lancôme

1973
Charlie
Revlon

1981
Giorgio
Beverly Hills

1992
L'Eau
Issey
Miyake

2012
La Petite
Robe noire
Guerlain

1948
Fracas
Piguet

1971
Chanel
Nº19

1983
Paris
YSL

1990
Trésor
Lancôme

1945
Vent Vert
Balmain

迷你裙

1955
Youth Dew
Estée
Lauder

1977
Opium
YSL

1992
Angel
Thierry
Mugler

1943
Femme
Rochas

1947
Miss Dior

2001
Coco
Mademoiselle
Chanel

Dior的
「New Look」

1970
Aromatics
Elixir
Clinique

嬉皮

1944
Bandit
Piguet

1959
Cabochard
Grès

1970
Eau de
Rochas

1994
CK One
Calvin Klein

2001
Cologne
Thierry
Mugler

1966
Eau
Sauvage
Dior

1975
Grey Flannel
G. Beene

1989
Fahrenheit
Dior

1946
Green Water
J. Fath

1959
Tabac
Original

1998
Allure
pour homme
Chanel

2005
Dior
homme

2014
L'homme
idéal
Guerlain

1965
Aramis

1948
Moustache
Rochas

1965
Habit Rouge
Guerlain

1978
Polo
Ralph
Lauren

1996
Acqua Di Gio
Giorgio
Armani

2006
Terre
d'Hermès

蓄鬍重回流行

2008
One Million
Paco
Rabanne

2010
Bleu
Chanel

1995
Hugo
Hugo Boss

1989
Cool Water
Davidoff

徹底乾淨刮鬍

1964
Brut
Fabergé

2013
Invictus
Paco
Rabanne

1980
Kouros
YSL

1995
Le Mâle
JPG

2015
Sauvage
Dior

1954
貓王發行首
張單曲

1968
史提夫・麥昆主演
《警網鐵金剛》

1982
《第一滴血》和
《王者之劍》上映

1994
「都會型男」
（metrosexual）
一詞出現

2002
YSL推出「M7」
香水廣告

↓
男性

Paul Austin
保羅・奧斯汀

當香氛世界澈底轉換方向時，保羅・奧斯汀正在印度的茉莉花田中工作。

他從跟在香水界的傳奇人物，伊夫・德奇里斯（Yves de Chiris）身邊工作、任職巴黎和紐約市的香氛公司奎斯特國際（Quest International，已被奇華頓收購），最後到印度研究阿育吠陀，並在2009年成立奧斯汀顧問集團（Austin Advisory Group）。

如今奧斯汀顧問集團的「起源故事」為品牌刻劃出香氛的工藝和文化，從最微小的包裝細節，透過紀錄片娓娓道來。

[1] 奧斯汀顧問集團最為人津津樂道的就是起源故事。你的起源故事是什麼？你是如何進入香水產業的？

身為澳洲人，我們總覺得應該要常到舒適圈外看看世界。我一直對人、截然不同的想法、人與文化之間的關聯很感興趣。法文「dépaysement」的意思是「感覺身在異國」，能描述我總是想投身全新環境、理解該地的興奮期待感受。大學畢業後，我受僱於倫敦的聯合利華擔任儲備幹部，而且更幸運的是，我被外派到位於巴黎的奎斯特國際，在伊夫・德奇里斯的手下工作。

[2] 當時，我剛從希臘度假一週回來，穿著短褲前去領取公司公寓的鑰匙，正如伊夫常說的，簡直是鱷魚先生本人從澳洲直達！他要我幫忙製作簡報，為黛安娜王妃的造訪做好準備，顯然我通過第一道測試。不久之後，伊夫要我坐下，說道：「趁你在巴黎的時候，我希望你能學法語、法國文化，以及香水世界的脈絡。」我的人生就在伊夫指導下的短短幾年內成形了。

[3] 除了緊湊密集的香水訓練，還有一大堆業界革新者與特立獨行的人在我們的辦公室進進出出，打造代表性香水，像是堤耶里・穆格勒的「Angel」、賽爾吉・盧丹詩與他的皇家宮殿（Palais Royal）系列，還有薇薇安・魏斯伍德（Vivienne Westwood）。這些奇特古怪的名人讓我深深著迷，我立刻就想：我想要成為這個世界的一分子。

擔任十八年的香氛經理後，你為什麼會到印度學習阿育吠陀？

當時我在奎斯特擔任高級香水的全球負責人，2008年公司剛被奇華頓收購，我則住在紐約。我記得從秘魯的庫斯科（Cusco）前往的的喀喀湖（Lake Titicaca）的火車上時，感覺就像一見鍾情。我說：「我要辭職，休息半年，試著重新找回熱情。」於是我前往印度休息幾個禮拜，最後一待就是六個月。

[1] 泰米爾那都邦的馬杜賴剛採收的小花茉莉（Jasminum sambac）。
[2] 香氣撲鼻的小花茉莉是南印度的原生物種。
[3] 在印度，鮮花融入日常生活的每一面，茉莉用於宗教供品與慶祝。

[4] 我在南印度的醫院學習阿育吠陀。訓練內容包括早晨的瑜伽和冥想課程，稍後則準備煎煮藥草汁和按摩。最令我醉心的部分就是印度教和佛教的哲學建構。第一天我被帶到房間，空間狹小簡樸，只有一張窄床，沒有燈罩的燈泡，窗戶還面向大馬路。接下來，我花了二十四小時尋找高級旅館，當然一間也沒找到。我氣得要命，但最後心情緩和下來，搬進了大概可說是公寓的地方，我稱之為「監獄」。但是兩個禮拜後，我開始在困苦中發現舒適。那是個屈服的過程，我捨棄身為紐約

[5] 和巴黎企業主管時重視物質享受的生活方式。接著，印度才向我顯現出無比清澈的靈感和知識。

你如何發展這個與香氛有關的新方向？

我旅行超過13000公里，盡可能遠離香氛世界，只為了探索某些香水產業中最珍貴的原料，像是茉莉、晚香玉、白玉蘭、玫瑰、雞蛋花，全都生長在距離我學習阿育吠陀不遠的地方。

[6] 我花了好幾個月走訪花田，在印度各地旅行，研究當地的獨特香水文化與琳瑯滿目的香水成分。在其中一片花田中時，我心想：「如果我能連結香水產業與原產地的美好和真實面貌就好了。」努力了解原料的文化脈絡、涉及的人事物、經濟，在經過機械般大量生產香氛的前半輩子後，這一切成為我的慰藉與療癒。我再度愛上香水，不過這次，是從香水的起源愛上它。

[4] 奧斯汀顧問集團的大馬士革玫瑰短片，屬於獲獎的「從種子到香氛」系列，是為法國香精香料公司羅貝特（Robertet）製作。

[5] 奧斯汀與他的團隊重新定位羅貝特公司，強調該品牌長達163年的傳承與天然香料的使用。

[6] 羅貝特公司的玫瑰在裝入蒸餾器萃取前必須翻鬆。

[1]

當今的香水產業少了什麼？

對我而言，呈現香水的真實面成為當務之急。如果人們要討論玫瑰和茉莉，那最好香水中真的有使用到這些材料！我想知道香水是在何處以及如何生產的，但也不能只聚焦在採收的浪漫或香水大師的妙手。我們希望為香氛的整體故事注入生命力。

[2]

現在，我的注意力比較不在香水產業本身，而是更關注將個別的點連接起來，看看未來會如何發展。身處遙遠的國度，努力理解故事，令我感到幸福。

你如何將自身的轉變融入「起源故事」的真實性？

真實性就是我們訴說這些故事的關鍵。我曾和勞斯萊斯的前首席設計師伊恩·卡麥隆（Ian Cameron）在紐約現代美術館見面，他就是非常熱衷於氣味的人。以前的舊型勞斯萊斯汽車內會有一股皮革和木頭的氣味，但是在現今的產品中，這些氣味當然變得不明顯。

研究過程中，我發現勞斯萊斯的車身號碼底盤牌會以英倫玫瑰紋章裝飾，因此我將勞斯萊斯與全球最大的玫瑰香氛生產者羅貝特連結，打造史上最極致的訂製香氛。我們拍攝了一部影片記錄這項計畫，就從距離格拉斯不遠的玫瑰花田開始（加上新款Phantom敞篷車），帶著觀眾一路前往羅貝特位於巴黎的創意中心，最後抵達勞斯萊斯的故鄉古德伍德（Goodwood）。影片展現了個性、過程、工藝，讓人看見如何細膩刻劃打造獨一無二的香氛。

還有一項專案是與克里斯·布萊克威爾（Chris Blackwell）合作，他是牙買加的音樂製作人，也是黃金眼度假中心（GoldenEye Resort）的所有人。克里斯熱衷於香氛，也關心永續發展，因此我們想到使用來自島上的辛香料創作香水，並將整個過程記錄下來，賦予核心成分地方感與歸屬感。

[1]　馬達加斯貝島（Nosy Be）的依蘭依蘭。
[2]　依蘭依蘭萃取物是此花香最純粹的蒸餾物，
　　也是全球香氛產業不可或缺的原料。

[3]

香水產業中，永續發展性是否扮演重要的角色？

絕對是。現在的世界太缺乏信任了，我們需要對所消費的產品感到安心。人們了解糧食供應涉及的事物，農地的競爭，也認識農產品的來源。

以印度為例，看看這個國家的氣溫不斷上升，從氣候變遷到缺水，種種原因讓某些地區很可能已經無法居住。幸好還有香水世界，一如其他許多領域，不再只想

[4]

著消費美好的事物，而是已經進步到可以了解我們消費的事物背後，盤根錯節的複雜性。

[5]

[3] 勞斯萊斯Phantom後車廂中新鮮採摘的千葉玫瑰。
[4] 格拉斯近郊的清晨玫瑰採收。
[5] 這支短片中，旅途從工廠到羅貝特位於巴黎的創意中心，最後回到英國鄉間的古德伍德，也就是勞斯萊斯的家鄉。

過往的陰影

Gulab Singh Johrimal
古拉伯・辛格香水店：舊德里最古老的香水店

舊德里最繁忙的市場之一，隱身在月光市集（Chandni Chowk）一帶，朝氣蓬勃的集散地中，眼花撩亂的紗麗（sari）和做工繁複的蘭嘉秋麗（lehnga choli）為數以百計的店鋪櫥窗展示增色，也讓搭乘嘟嘟車被困在車陣中的乘客得以分心欣賞。辛香料供應商、珠寶商和工匠分布在店鋪之間，隨時準備好為商品訂個合理價錢，並指引迷途的遊客前往白銀市集（Dariba Kalan bazaar）。

穆庫爾‧甘地，古拉伯‧辛格香水店經理，這家店從1816年就在舊德里販售高品質香水。

十七世紀晚期，蒙兀兒帝國的皇帝沙賈汗（Shah Jahan）設計泰姬瑪哈陵時，他委託女兒嘉罕娜拉（Jahanara）打造一個市集，展示全帝國最高級的產品和食物。月光廣場上的街道，曾經是映照出月光的運河，數百年來一直是新鮮食材與高級織品的聚集處，1816年以來，也成為全世界最古老香水之一，古拉伯‧辛格香水店的落腳處。

周圍是紛擾的鬧區，外觀毫不起眼，但這家香水店可不只是單純的印度精油（attar essential oil）和訂製香水專門店。這裡就是傳統的藏寶庫，古老的混合物封存在水晶瓶中，只會偶爾打開，香氣飄進舊德里的街道，混入炸糖圈（jalebi）、煙燻坦都里香料與霧霾中，然後不見蹤影。這個地方是印度文化與自然歷史的堡壘，由傳承七代的家族小心翼翼地守護。

通常由拉姆·甘地（Ram Gundhi）的兒子穆庫爾（Mukul Gundhi）看守店面，維持一切運作順暢。拉姆從父親手上接下古拉伯·辛格香水店，承諾要繼續經營這間歷史超過兩百年之久的店面。長久以來，印度的仕紳階級與國際名流都會不辭千里來到這家店，以罕見的異國香調獨特組合做為基底，訂製專屬香水。

最特別的精油包括萃取自指甲花（*Nardostachys jatamansi*），是喜馬拉雅特有的纈草花朵。他們自家的晚香玉（學名*Polianthes tuberosa*，被視為「適合眾神」的花朵）配方是公認的鎮店之寶，可在當地的兩家古拉伯·辛格香水店購得，兩間店近在咫尺，第二家店由拉姆的哥哥克里杉·莫罕·辛格（Krishan Mohan Singh）經營，並由兒子奈維恩（Naveen）管理。

辛格家族最自豪的，是應用古老技術，而且幾乎都是使用有機香油，絕少提供合成香水，偶爾才會為了追求主流香水的顧客購入。

儘管有這些珍貴且較商業化的商品，辛格家族仍鼓勵老顧客按照大地頻行與月亮週期購買季節性香氛。一整年之中，原料供應量並不相同，不僅仰賴氣候和收成，還有位於北方邦（Uttar Pradesh）供應店家的蒸餾者運送貨品的時間。這些謹慎細心都反映在完成的香水的價格標籤上，價格可高達200美元。與目前的工業標準比較，此店的裝瓶和貼標處理可能看起來很簡樸，不過過程幾乎全由手工製作，以家族傳承滋養的使命感與豐富經驗混合香油。

古拉伯·辛格香水店創店以來，至今共僱用將近五十名當地的香水專家，確保調製店中代表性香水的時候能夠保持高水準，這些香水大部分使用新鮮的檀香油做為主要基調。這些曾為辛格香水店工作的專家，都會留下一些自身的特質，一如歷代店主們，他們不吝分享

[1] 穆庫爾·甘地與兄弟阿杜爾（Atul）和帕拉夫·甘地（Praful Gundhi）一起管理店面。

[2] 雖然合成精油成為主流，古拉伯·辛格香水店的店主仍偏愛使用當地手工揀選的有機原料打造訂製香水。

[3] 依照傳統配方手工倒入香油和精萃，不過客戶也能要求訂製專屬的混調。

[4] 古拉伯·辛格香水店的一名員工正在為香水貼標籤，在北方邦的兩間蒸餾廠之一製作。

[1]　淵博知識,為想要成為調香師的後進留下重要資料,將他們的成果延續下去。即使檀香油的全球競爭激烈,也因為氣候變遷導致產量下滑,不過古拉伯・辛格香水店將以同樣的傳承精神迎接未來。

　　這間不追隨流行的香水店,見證數個帝國的殞落,一度為蒙兀兒帝國數位皇帝與皇室擔任香水職人與供應者,現在則試圖在瞬息萬變的市場中找到方向。多虧了歷代店主拒絕在品質上省錢,即使這也代表他們的客戶圈會縮小,但那些跟隨鼻子,勇於深入印度首度中心的人,都是辛格香水店的水準和品質的最佳證明。

　　不同於全球大眾市場隨處可見的人工香水,這些精心萃取的精油和傳統精選的香氣不會在幾小時後淡去消
[2]　失,而會在身上停留許久,緊貼著肌膚,就像歷代店主努力緊握不放的兩百年歷史。

[1]　古拉伯・辛格香水店販售以多款手工特製香水組成的禮盒。
[2]　帕拉夫・甘地捧著裝滿純香油的玻璃瓶。
[3]　身兼店主與甘地家族的大家長,拉姆・辛格正在白銀市集的店裡享受片刻悠閒。
[4]　比利時的切割玻璃瓶中存放各式各樣的香水。

[3]

[4]

香氛的安身之處

一間氣味博物館與香水資料庫隱身在法國首都的郊區，稱之為香水的聖殿也不為過。在這裡，古董瓶罐與藝術傑作都被恭敬地供奉著，是精心陳列昔日香氣的博物館，全都存放在琥珀色的玻璃滴管瓶中，被視為考古遺跡小心翼翼地對待。歡迎來到香水博物館（Osmothèque）。

全球最重要的香水資料庫「香水博物館」就座落在巴黎郊區。

　　巴黎聞起來像奶油，空氣中滿是攪打過的乳製品香氣，來自香榭麗舍大道路邊的奶油可麗餅店家，或是每天清晨出爐的無數可頌。早在日出前，街道上就已香氣滿盈。

　　花都果然是氣味之都，加上少許散落的菸草與灑出的葡萄酒在夏日豔陽下蒸發，再混入塞納河的臭氣與中東店面展示的熟米。還有舊書和剛修剪過的草地。冬季時，巴黎的空氣相當清冽，遇上飄雪的日子，熱可可和燒焦咖啡的香氣一路深入地鐵站，在地下隧道中久久不散。

　　這片香氣雲霧延伸到巴黎市的邊陲，不動聲色地抵達距離巴黎一小時車程的小城凡爾賽，這裡曾是皇室成員的家，他們貪戀鮮花與其香氣，從當地的皇宮庭園不難看出這份熱情。如果這個世界需要一間專為香水打造的資料庫，那麼一定是在這兩座城市之間了。而世界確實需要這樣一個地方。

　　香水博物館是全世界規模最大、也最重要的氣味收藏場所，是專為保存、登記、記錄收集自各個年代數千款香水的機構。這項計畫最早由調香師尚・凱爾雷歐（Jean Kerléo，Patou的香水師）提出，1976年獲得許可，將重心放在重現停產或已不復存在的香水。凱爾雷歐與多位專家攜手合作，依循超越時代考驗的配方。

[1]

[2]

[1]　來自世界各地的精油與香精會編列成目錄，由香精香料科學家保存，並經常研究這些館藏。
[2]　香水博物館也收藏許多古董與奇特的香水瓶，開放民眾參觀。

[3]　實驗室架上一瓶瓶純蒸餾精華素。

[4]　香水博物館爲有志精進氣味技巧者，提供企業導覽與香水課程。

「我們代表香水業界的遺產。」香水博物館現任館長帕翠西亞·尼可萊（Patricia Nicolaï）說。尼可萊也是同名小眾香水公司Nicolaï的創辦人，1989年與她的丈夫共同成立。「這個機構絕對是獨一無二的。」她顯然對自己的努力深感驕傲，繼續說道：「我負責延續凱爾雷歐的任務，以新香水擴增館藏，同時也不斷補上文件中缺少的古董香水。」

香水博物館最早暫時設置於國際高等香水彩妝食品香料學院（Institut Supérieur International du Parfum, de la Cosmétique et de l'Aromatique Alimentaire, ISIPCA），1990年正式成立，落腳凡爾賽的克拉尼公園路（rue du Parc Clagny）。雖然尚在早期階段，這項計畫就擁有四百款香水，十分振奮人心，有些在機構內製作，有些由較知名的企業捐贈。如今香水館藏已經增加不只十倍，已有超過四千瓶香水（包括八百瓶絕無僅有的香水），彷彿現存與絕跡香水的無止境大觀園，封存的光陰靜候好奇的鼻子揭開瓶蓋。

這座生氣蓬勃的香水寶庫由「氣味策展人」（osmocurators）團隊監督，成員除了科學家，還有依循歷史配方的調香師，將逝去的香氣帶回世間，有如製造科學怪人的例行工作，完成品加入索引後，便放入漆黑的地窖，保存在攝氏12度。地窖中的瓶子大小不一，周圍灌滿惰性氣體氬氣，有助於內容物的保存。團隊成員不做化學工作時，會走訪世界各地，開設工作坊，或與文化學術機構合作舉辦展覽。

香氛隨著社會的腳步，依照時代精神與市場需求演變，也和大自然共存亡，部分原料因為環境因素而消失。「許多天然物質，如麝香、琥珀、風信子油，已經不再用於商業生產，或是因為有致敏性而停產。」尼可萊說：「我們的庫存中還有一些這類原料，但是存量不多。」她補充道，並指出一大部分的館藏可能最後會永遠消失。

到了那一天，我們將會閉上眼，進入回憶，想起某股香氣曾經帶來的感覺，而非其組成配方。

香水博物館擁有超過四千瓶香水，其中有八百瓶是世界上絕無僅有的香水。

香水博物館最重要的香水

①「Pathia」（帕提亞）國王御用香水
　配方出自老普林尼（Pliny the Elder）之手（公元一世紀）

②匈牙利皇后之水（Eau de la reine de Hongrie）
　專為波蘭的伊莉莎白製作（1370年）

③拿破崙的古龍水（Napoléon's eau de cologne）
　於流亡地聖赫勒拿（Saint Helena）所設計的香水（1815年）

④Fougère Royale
　Houbigant的保羅·帕爾克（Paul Parquet）製作（1884年）

⑤Iris Gris（灰鳶尾）
　賈克·法特（Jacques Fath）生產（1947年）

⑥Charlie（查理）
　Revlon生產（1973年）

香調家族7
美食調Gourmand

　　這是香氛家族中最年輕的成員,起源可追溯至1955年由Molinard(慕蓮娜)推出的「Nirmala」(妮瑪拉),結合甜膩果香與茉莉,加上充滿香草與杏仁香氣的零陵香豆基調,撩撥甜味味蕾。1978年時,L'Artisan Parfumeur推出另一款甜蜜香水「Vanilla」(香草),使用香草香調,打造出其他香氛品牌從未如此大膽呈現的鮮明卡士達香氣。焦糖、棉花糖、莓果、巧克力、咖啡、干邑、太妃糖、杏仁、香草、琥珀,現在甚至還能運用泡泡糖香氣,一切都多虧全新的香氣分子與合成原料混合物的現代發現,才能製造出有如甜點盛宴般的香甜美味。

　　美食調香水常常以香水消費者中較年輕的世代做為目標,通常以女性化香氛行銷,例如Aquolina的「Pink Sugar」(粉紅愛戀);較現代的變化版本則運用帶苦味的咖啡、厚重的木質氣息、菸草,以及蘭姆酒、白蘭地或葡萄酒的酒香,讓美食調更符合當代與較成熟品味的喜好。美食調就是要任性地令人著迷,有時還略帶辛辣的木質氣息,就是要香甜得引人注意。

美食調代表性香水
Mugler的「Angel」

1992年推出的「Angel」為美食調香水類型定調。這款香水的特色就是大量乙基麥芽酚,創造出熬煮中的糖、棉花糖、甜甜圈攤的氣味,呈現堤耶里‧穆格勒想像中的遊樂園,以及調香師奧利維耶‧克雷斯普的最終配方的靈感。混合香甜紅色莓果與黏稠帶巧克力氣息的廣藿香,這個協調常被後來的香水效仿,稱為「廣藿果香」(fruitchouli),「Angel」大受歡迎,激勵了其他香水品牌推出一大堆有如撒滿糖果和糖霜的杯子蛋糕氣味的香水。

瓶中訊息

香水瓶中的液體只會吐露創作故事的一半。受到藝術運動、材質革新影響，以及達到吸引消費者的任務，香水包裝的變革比表面上看到的更引人入勝。

[1] [2] [3] [4]

[1] 彩繪木罐與鎏金金屬、玳瑁零件，約1780年。
[2] 瑪瑙小瓶，以琺瑯、黃金、紅寶石裝飾，1895年。
[3] 水晶香球，十七到十八世紀。
[4] 裝飾華麗的小瓶，搭配金屬花紋與寶石裝飾。

歷史上香水瓶的使用，最久遠可追溯至公元前1000年。這些創作通常是以彩色玻璃製成，是簡單的瓶子或動物形狀，與日後發展出的奢華創作相去甚遠。

香水裝入瓶子、成為日常消費品之前，具有香氣的配件是最便利的形式。最經典的例子就是十六世紀的香球，名字來自法文的「pomme d'ambre」，意思是「琥珀球」。香球是一種有孔洞的金屬球體，可以掛在腰鍊或衣物上，裡面裝有香料物質，如龍涎香和玫瑰花瓣。到了十八世紀，香球被醋香盒（vinaigrette）取代，後者是外表富裝飾性、附鏈子的金屬小盒，內裝吸滿香料醋的海綿。

維多利亞時期，香水要到當地藥局購買，裝在一次性的瓶子內，回家後，再將香水裝入更漂亮的小瓶子裡。洛可可和新藝術運動皆對香水瓶樣式在各自的時代有深遠影響，洛可可時期出現裝飾華美的陶瓷設計，新藝術時期則是線條富流動感的玻璃設計。最早的噴霧瓶是由德維比斯醫生（Dr. Allen DeVilbiss）於1887年發明，起初是做為醫療而非美妝用途，不過很快便應用在香水瓶上，取代了長久以來的瓶塞設計。

隨著十九世紀出現新的製造方式，因此能夠製作裝飾更加繁複精細的瓶子，二十世紀則迎來大量生產的時代。為了在競爭中脫穎而出，吸引新顧客，為每次推出的新香水打造特製瓶身，開始成為重要的事。商品架上的瓶子必須立刻抓住目光，才有被買下的可能。

大名鼎鼎的玻璃藝術家荷內・萊儷在1905年開設自己的第一間店。他持續創作無數繁複精緻的設計，客戶包括科蒂、霍比格恩特、Roger & Gallet等。多虧價格較平易近人的生產方式和材質，裝飾華麗的瓶身成為主流——例如大規模製造，以及由合成化合物製成的最早的塑膠：電木（Bakelite）。有了這些革新，設計更能夠跟上時代的風格。舉例來說，看看1920和1930年代，立體主義和現代主義的影響在Chanel和Patou的香水瓶上顯而易見，達利為Schiaparelli（夏帕瑞麗）品牌創作的設計則較偏向超現實主義風格。

一如香水本身，二十一世紀初期，瓶身設計成為更專門的產業。由於透明玻璃會透光，導致香水更快變質，有些公司採用不透明瓶身。客製設計的香水瓶在生產成本上也會顯出巨大差異，因此剛起步的小品牌可能選擇較制式化的瓶子造型。

一般而言，香水瓶的設計仍會針對特定性別：男用香水的瓶身造型常常較陽剛，女用香水則較圓滑。這點在Jean-Paul Gaultier的香水「Le Mâle」（裸男）和「Classique」（裸女）最明顯，瓶身造型分別是男性和女性的軀幹。不過，中性香水完全避開這些概念，選擇極簡俐落的瓶身，沒有任何奢華裝飾或帶有性別意識的形狀。

香水瓶世界中最著名的設計師非法比安・巴隆（Fabien Baron）莫屬，他為眾多極具代表性的香水打造瓶身，如Calvin Klein的「Contradiction」（冰火相容）和Vikotr & Rolf的「Flowerbomb」（玫瑰炸彈）。從那時開始，香水瓶的設計反映著香水本身的概念，並非只是以常見的乏味瓶子裝入香水。香水瓶成為香水所販售的幻夢視覺延伸，同時也可獨立做為精心雕琢的設計品。

[1]　玻璃瓶與瓶蓋，貝納・培霍（Bernard Perrot）製作，十七世紀晚期。
[2]　陶瓷香水容器，大不列顛，1770~1800年。

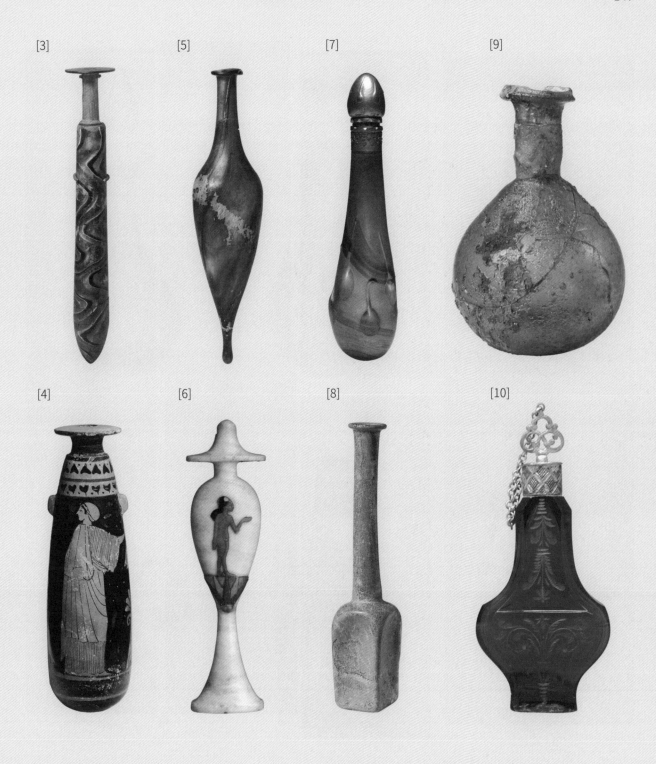

[3]

[5]

[7]

[9]

[4]

[6]

[8]

[10]

[3]　希臘金箔玻璃瓶，公元前一世紀。

[4]　希臘陶製香水瓶，約公元前480年。

[5]　羅馬玻璃香水小瓶，公元一世紀。

[6]　埃及雪花石瓶，約公元前1353~1336年。

[7]　法芙維爾（favrile）玻璃瓶與鎏金瓶蓋，
　　約1905~1910年。

[8]　羅馬模吹玻璃瓶，公元二至三世紀。

[9]　羅馬手工吹製玻璃罐，公元一世紀。

[10]　德國玻璃與純銀香水瓶，約1750~1800年。

[1] 奧地利黃金瓷瓶，1730年左右。

[2] 陶瓷香水瓶，切爾西瓷器廠（Chelsea Porcelain Manufactory），1755年左右。

[3] 有琺瑯裝飾元素的英國香水瓶，約1779年。

[4] 英國玻璃容器，帶手繪細節，約1770~1790年。

[5] 美國手工吹製鎏金玻璃瓶，約1866~1870年。

[6] 英國瓷質香水容器，約1750~1755年。

[7] 印度黃水晶容器，鑲嵌綠松石與紅寶石，約1800
年。

[8] 英格蘭白色玻璃花飾香水瓶，約1870年。

[9] 玻璃香水小瓶，黃金琺瑯裝飾，約十九世紀中
期。

[10] 法國純銀鍍金香水瓶，約1800年。

[11] 法國黃金香水瓶，纍絲石刻裝飾，約1749~1750
年。

[12] 瑞士黃金琺瑯香水瓶，1800年。

[1]

[3]

[5]

[2]

[4]

[6]

[1]　Chanel No.5，Chanel，1921年推出。

[2]　CK One，Calvin Klein，1994年推出。

[3]　Le Mâle，Jean Paul Gaultier，1995年推出。

[4]　J'adore，Dior，1999年推出。

[5]　Dolly Girl（洋娃娃），Anna Sui（安娜蘇），2003年推出。

[6]　Wish（光鑽之願），Chopard（蕭邦），1999年推出。

[7]

[8]

只要想想Nasomatto的精巧雕塑設計就能明白，垂直長方形瓶身搭配木製瓶蓋反映了香水的本質，從優美圓潤到粗糙的深色，有時，香水瓶的重要性完全不下於其中所裝的香水。畢竟購買香水的時候，誰不是先注意到香水瓶，才想去聞聞味道的呢？雖然香水本身才是最後的決定性因素，不過賞心悅目又有設計感，還能滿足虛榮心的搶眼瓶身，絕對也是重要的關鍵。

今日，鑲滿施華洛世奇水晶、以最頂級的水晶切割而成的香水瓶成為收藏級的華麗物品。DKNY近日請來珠寶設計師馬丁・卡茲（Martin Katz），為「DKNY Golden Delicious」（DKNY璀璨金蘋果）設計特別版本。瓶身的零售價為一百萬美元，含有將近3000顆寶石，包括白鑽、紅寶石、藍寶石。瑞典香水品牌Agonist除了價格較實惠的簡約典雅瓶身，還有與藝術家俄莎・約涅琉斯（Åsa Jungnelius）和品牌Kosta Boda手工創作的玻璃工藝香水瓶。

然而，如今小尺寸香水大受歡迎，無論滾珠式還是固體香水形式的興起，都指向相同的問題：香水瓶做為藝術品的需求是否受到威脅？根據市場調查公司NPD集團2017年的調查結果，方便旅行攜帶的香水形式，其成長速度是全球香水產業本身的二至四倍。在繁忙的現代世界中，我們還有時間欣賞靜靜坐在櫥架上的珍貴香水瓶嗎？或者我們寧願在隨身包包裡扔進一個噴霧式隨身香水瓶，然後奔波一整天？香水瓶的樣式風格或許來來去去，只願香氣儀式的格調常在。

[7] Alien，Mugler，2005年推出。
[8] Blamage，Nasomatto，2014年推出。

Leta Sobierajski
& Wade Jeffree

有香氣的敘事

創意二人組莉塔・索比拉斯基和韋德・杰弗利挑戰傳統香水視覺的概念，
從過時呆板的樣式中解放媒材，以繽紛又古靈精怪的獨特影像取而代之，
與即將來臨的香氛新紀元同調。

[1]

[1] D.S. & Durga的「Cowboy Grass」（牛仔菸草）形象廣告，香草植物與岩蘭草主調的香水。

[2] D.S. & Durga「Debaser」（墮落者）形象廣告，靈感來自小妖精樂團的果香調香水。

莉塔和韋德的品味獨到出眾。他們想出趣味十足的新鮮手法呈現香水影像：永遠不重複，繽紛色彩、鮮明對比與各式各樣的質地，就是他們的最大特色。2016年，兩人成立共享工作室後，韋德和莉塔開始建立客群，包括Gucci、Comme des Garçons、D.S. & Durga，以及Vogue和Goolge等公司。

無論是戴著黑色乳膠手套、輕輕握著灰色霧面瓶身的香水「Concrete」（混凝土），或是放在鋪滿粉紅鵝卵石和粉紅珊瑚的圓形魚缸、在桃紅色絲絨布幔背景前的「Rose Atlantic」（大西洋玫瑰），每一幅影像都完美捕捉香水的精髓，常帶有調皮的意趣。「我們最喜歡以香氣說故事了。雖然香氣本身很豐富，不過故事也必須和氣味一樣準確才行。我們最愛將氣味蘊含的故事視覺化，運用激發我們靈感的香調建立獨特世界。」他們解釋：「每一款香水裡，都有太多靈感，我們最愛運用香水故事中的所有元素，打造出專屬的世界觀。」

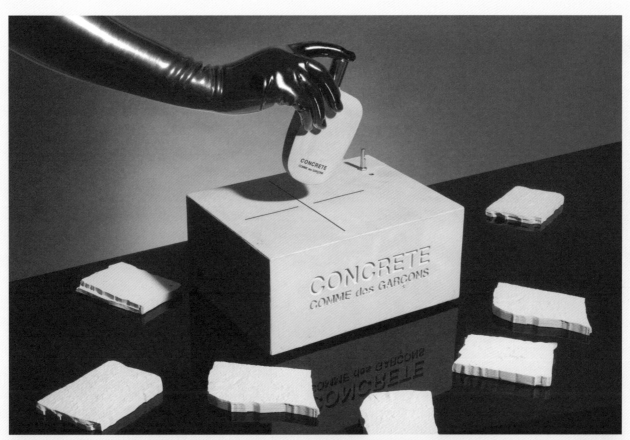

[1]

[2]

這些故事包括運用「Acqua Di Fiori」（繁花之水）的包裝色彩，在繽紛層板與滿溢而出的花草搭起的比薩斜塔式結構，香水驚險地端坐在塔頂；又或者將「Freetrapper」的瓶子放置在鋪滿皮草的布景，做為對這款香水的靈感來源——傑克森時代（譯註：美國總統 *Andrew Jackson*）男性的頌歌。定居紐約的創意二人組將燈光、色彩、道具等要素視為「讓故事更完整的容器」。他們解釋：「色彩與成分或地景、文化、歷史有關。燈光可幫助刻劃氛圍：這是身在海邊、活潑明亮的香水嗎？還是陰暗幽微、神祕隱晦，籠罩在朦朧輝光中？建構影像時，我們都會考慮這些香氣予人的印象與感受。」

目前他們規模最大的香水企劃就是D.S. Durga十二款代表性香水的形象廣告，其中就可見到思慮周詳嚴謹的過程。「為每一款香水打造獨立的視覺故事可以學到很多，首先我們必須進行廣泛研究以便了解提及的參考資料、材料與地點。我們很喜歡花時間認識印度女神難近母（Durga）與她的眾多武器，或是人們在德州欣賞瑪爾法光團（Marfa Lights）時的眼中所見。」

鍾愛研究各個面向、並真正澈底認識香水，或許解釋了何以在業界仰賴過於浮濫的浪漫敘事、男性特質、女性特質、情慾等影像中，他們的創作能夠大放異彩。「香水總是詭異地與名人、模特兒和性連結在一起。由於價格相對親民，也被當成奢侈品領域的入門產品，品牌藉此推銷一般大眾去擁有一個小小的奢侈品。但我認為香水根本不是這麼一回事。香水的意義是帶領你到另一個地方，同時也是身分認同與個人喜好的表現。以理想形象意圖讓顧客使用香水的概念已經過氣了，人人都可以用香水，無論誰使用香水，聞起來都不會相同。」

雖然香氣本身很豐富，不過故事也必須和氣味一樣準確才行。我們最愛將氣味蘊含的故事視覺化，運用激發我們靈感的香調建立獨特世界。

[3]

[1]　Gucci「Bloom Acqua di Fiori」（花悅綠漾）的形象廣告，是白花香與綠色香氣協調的香水。

[2]　Gucci「Bloom Acqua di Fiori」拍攝的幕後花絮。

[3]　莉塔正在微調場景設計。

氣味的未來

未來的時代，氣味將會從偶一為之的感官享受，變成日常生活中不可或缺的一部分。「人們越來越注意氣味所扮演的角色。想想每個人花費在螢幕前的時間，螢幕扁平光滑，我們開始想要不同於螢幕的東西，追求更多立體感、觸感，也必須與感官有更多互動。人類的軀體強烈渴望更真實的東西，氣味正是其中之一。」氣味的未來（Future of Smell）香氛設計創新顧問公司創辦人奧莉薇亞・耶茨勒（Olivia Jezler）說。身為氣味專家的她亦指出，飲食文化中的手作運動也提升了人們對香氣與材料的興趣。

「氣味的未來」請「游擊科學組織」（Guerrilla Science）製作的「氣味X體驗感知器」（Sensorium Smell-X Experience）。

近年來，威士忌廠商格蘭菲迪在哈洛德百貨的葡萄酒烈酒店面中打造了「香氣實驗室」（Aroma Lab），運用六種特製香氣，幫助顧客選出最適合的威士忌。同時間，錢德勒‧柏爾的「氣味晚宴」與泰莎‧利伯曼（Tessa Liebman）的「料理的氣味」（Scents of Plates）活動，皆結合香氣與美食的互補特性，創造獨特的多重感官體驗。柏爾讓賓客品嚐部分使用在香水中的原料，然後才享用由包含上述香調的香水所發想的特餐，像是Guerlain的「Shalimar」和Tom Ford的「Black Orchid」（黑蘭花）。利伯曼過去的料理活動包含如「玫瑰花束」晚餐等概念，以六道料理演繹不同香水，包括發酵玫瑰飲，以及使用玫瑰花瓣醬料理的肉類。

　　氣味的功能將不僅止於閒暇娛樂層面，反之，在身心健康產業終將會掀起一場革命，氣味對於意識與潛意識的力量重新成為焦點，近年來相當流行。據耶茨勒所言：「氣味將會用來提升認知，記住和想起資訊，甚至能控制我們感覺與經驗世界的方式。氣味科技將能夠擷取我們周遭的化學訊息，使我們更加了解自己與環境。」她預測未來將會有穿戴式裝置，能夠讀取人體的健康狀況，即時散發最適合當下身心狀態的對應氣味。

[1]

[2]

「機器學習和人工智慧的影響，會改變人們理解、分類、創造以及探測氣味的方式。這項技術的應用對健康和環境而言具有重大意義，將會改變一切。」

只要看看IBM的Philyra系統（利用機器學習演算法幫助辨識與搭配不同原料），就能發現這項科技將如何在效率、速度與創造各方面的可能性，大規模地令氣味產業改頭換面。2018年時，Aryballe科技推出攜帶式氣味偵測裝置，與可在短短幾秒內辨認超過五百種不同氣味的「數位鼻」NeOse Pro。該公司在個人護理與食品飲料產業中行銷這項裝置，「使這些產品首度獲得數位氣味指紋」。MIT媒體實驗室（MIT Media Lab）的「順暢介面」（Fluid Interface）團隊打造了「Essence」，這款項鍊原型會透過智慧型手機讀取生物辨識和相關數據，改變使用者所散發的氣味的頻率和濃度，以改善心情和認知表現。該團隊也設計了一款香氣傳送系統，結合香氣和虛擬實境體驗，幫助減少壓力與入眠。

科學不僅改進香氣的組成與擴散方式，也在原料方面帶來突破性革新。「透過生物科技培養香氣，科學家就能以酵母的基因，產生天然芳香化合物，重現廣藿香、柑橘類、檀香、香草、玫瑰等香氣，是原料中最重大的創舉之一。」耶茨勒解釋。這些基因工程改造的菌叢不僅完全天然而且符合永續發展，還能開啟分子實驗的全新境界。

隨著香水針對人類的心理、享樂需求與生理狀態而越發完善，實體香氛物品與數位香氛之間的界線也越來越模糊。「許多公司開始意識到氣味就是體驗設計中的關鍵元素，因為氣味在真實生活中能夠引發情感。無論是快閃店、活動還是實體空間，人人都在尋求氣味。」耶茨勒表示：「人們會更主動追求和客製化氣味，除此之外，對氣味的知識和理解也會在不經意中增加，清楚哪些氣味能提供實質幫助。這將會大大影響許多產業，運輸業就是一例。隨著車輛可自動駕駛與共享，氣味與去味在車內扮演的角色變得更加重要。人們開始關注駕駛如何在生理和心理上獲得支持。」

最終，未來的局勢將會見證氣味進入各式各樣過去低估氣味潛力的產業，如健康、餐旅、製造、汽車、數位消費產品行業。一如數位革命改變我們的溝通方式，科技也深深衝擊我們與氣味互動的方式。一方面，科技推動人類對氣味這類本能體驗的需求，同時也將成為氣味革新的基石，使其邁向未來，提升甚至可能徹底改造原料的組成。

[3]

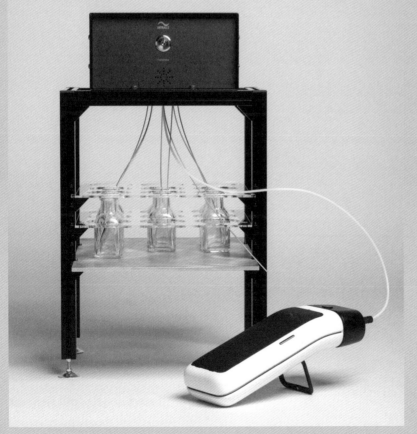

[1] 泰莎‧利伯曼的「料理的氣味」中結合食物與香水。
[2] Methods & Madness推出的「玫瑰花束」晚餐中的料理。
[3] Aryballe科技的NeOse Pro模仿人類嗅覺辨識氣味。

香氣的藝術

過去二十多年來，氣味成為當地藝術的全新疆界。從最早採用香氣的創意潛力進行實驗的先驅藝術家，到正在挑戰氣味分子可能性的後起之秀，這些藝術家運用人類的嗅覺突破激發認識人體、環境與科技的全新方式。

卡塔琳娜・杜比克Katharina Dubbick（時光膠囊晨間7:32）
希爾達・柯薩莉Hilda Kozári（AIR）
沃夫岡・格奧斯多夫Wolfgang Georgsdorf（Smeller 2：0）
瑪婷卡・瓦爾茨尼亞克Martynka Wawrzyniak（Eau de M）
凱特・麥克琳Kate McLean（氣味地圖）
史戴芬・德爾克斯Stephen Dirkes（康妮）
尚・拉斯佩特Sean Raspet（新風味與香氣）

卡塔琳娜·杜比克

「我想捕捉狂歡高潮後的力竭感受，也就是情緒回歸平靜後的時空感。」藝術家卡塔琳娜·杜比克說，她在2019年創作的氣味裝置作品「時光膠囊晨間7:32」（TIMECAPSULE 7:32am）捕捉了在夜店狂歡一整晚後那般難以描述的氣味。「我想要重現剛剛結束派對時的感覺。氣味和我們的記憶緊密連結，這件裝置作品能將你傳送到我經歷過的那一刻，同時也激起你自身的回憶。」

瑞典德國籍的卡塔琳娜創作的氣味混合了清爽潮溼的空間、人體汗水、黏膩皮膚、香菸味，以及夜店訪客穿著的乳膠裝的氣味。

「時光膠囊晨間7:32」是「Pervilion」展覽的一部分，場地位於倫敦坎寧鎮（Canning Town）一間荒廢啤酒廠，曾是舉辦非法銳舞（rave）派對的地點。擴香氣在廢棄鍋爐室中注入兩種氣味，一種是乳膠氣味，另一種則較「人味」，空間中還懸掛了皮革製作的部分人體，一小塊腋下、軀幹、乳頭、鎖骨，彷彿窺見記憶的迷霧。「我真的很喜歡這種味道，乳膠則讓這股味道很甜美。」她這麼認為：「不過如果讓我再做一次，我會讓人味更明顯。」

「訪客的氣味與裝置的氣味混合的狀態很令我喜歡。」杜比克如此回應：「乳膠氣味配方的工業感花香前調瀰漫整個展間，喚醒老舊工業空間中的某種美感。」

這並不是杜比克第一次透過氣味探索藝術。她在皇家美術學院（Royal College of Art）時曾與IFF國際香精香料公司合作，以概念〈自己：嗅覺自畫像〉（*Soi-Même : An Olfactory Self-Portrait*）奪得首獎，與調香師透過蒸餾她自己的體味，打造香氣肖像。

「人類和動物一樣，是透過氣味吸引彼此的。」她說：「我只是想突顯人類的自然氣味。市面上太多商業香水了，然而我們自身的體味才是獨一無二的指紋。」

[1]

[2]

[3]

[1] 卡塔琳娜·杜比克的作品概念強調記憶和認同。

[2] 「時光膠囊晨間7:32」細部，杜比克蒸餾製成人體和夜店的氣味。

[3] 「時光膠囊晨間7:32」在曾舉辦非法銳舞派對的倫敦廢棄釀酒廠展出。

希爾達‧柯薩莉

匈牙利芬蘭籍的視覺藝術家希爾達‧柯薩莉初次抵達赫爾辛基時，立刻被這座城市的氣味震懾。「清新的氣味真是太美妙了。」她回憶道：「我到芬蘭參加展覽，愛上一個男人，他現在是我的先生，或許因此，我的觀點帶有浪漫色彩。海邊、吹來的風、新鮮空氣、公園、嶄新建築，相較之下和布達佩斯這種古老城市非常不一樣。」這份體驗化為她在2003年的代表性展覽「空氣，赫爾辛基、布達佩斯與巴黎的氣味」（AIR, Smell of Helsinki, Budapest and Paris），令她成為最早在作品中運用氣味的當代藝術家之一。柯薩莉與巴黎的調香師貝特隆‧杜薜夫（Bertrand Duchaufour）合作，透過氣味捕捉她記憶中的赫爾辛基、巴黎，以及她的家鄉布達佩斯，觀眾進入壓克力泡泡中，嗅聞每座城市的氣味。

「我對大自然、建築和立體空間都很有興趣。」她解釋：「我想要透過嗅覺繪製都市景觀。視覺經驗其實是一種多重感官的過程，我認為將各個感官孤立看待的方式太武斷了。」每座城市都是相當混雜的記憶。「赫爾辛基是清新的森林、海岸、現代建築，不過我真正想要的其實是那裡的風。」她說：「說來有趣，不過還真的能捕捉風呢！但是要捕捉布達佩斯的古老地窖反而更困難，因為氣味會飄散，和街道的氣味混在一起。」

柯薩莉並非只顧著捕捉宜人的氣味。「關於巴黎，我希望不只有YSL的甜美氣息，也要有下雨時的塞納河的氣味，彷彿歷史在雨中融化。」她補充道。雖然氣味是非常個人的經驗，她卻執意要觀眾建構自己的印象，展覽中完全沒有敘述。「有一位巴西藝術家說，赫爾辛基聞起來像青澀鮮爽的芒果。」她回憶：「我很驚喜。我很喜歡人們擁有自己的回憶，而不是由我告訴他們該聞什麼。我製作的氣味就像詩，也許你會了解我的創作理念，也許你會以截然不同的方式去理解，都無妨，自由地感知，並將體驗轉化成自己的語言吧！」

[4]

[5]

[4]　匈牙利芬蘭籍的視覺藝術家希爾達‧柯薩莉。

[5]　「空氣，赫爾辛基、布達佩斯與巴黎的氣味」展覽中，觀眾可踏進泡泡，吸入各個城市的蒸餾精質。

沃夫岡・格奧斯多夫

　　還是年輕藝術家時，沃夫岡・格奧斯多夫曾因為創作一件能夠「演奏氣味」的機器而被奚落。如今他的實驗性氣味樂器「Smeller 2.0」證明過去的批評是錯誤的。「這是全新的藝術實踐形式，我要退出視聽空間。」格奧斯多夫透過類似管風琴的雕塑裝置演奏氣味交響曲，在展間快速噴發氣味，從煙霧到馬匹等各種五花八門的氣味。他在後臺以MIDI鍵盤控制氣味，觸動超過六十個氣味腔，能散發兩百種氣味。「我正在研究繪圖箱，不是在眼前，而是透過視神經在腦海中呈現的畫作。」這名獲獎的奧地利藝術家說：「對我而言，氣味和虛擬實境很相似，相似之處在於一旦聞到某種東西，你等於是將那些分子吸入體內。」

　　格奧斯多夫在2016年於柏林舉辦的「氣味劇場」（Osmodrama）活動旨在透過氣味說故事，從工作坊、影片到談話。他創作了一系列香氣，搭配德國電影界傳奇艾德加・萊茲（Edgar Reitz）長達三小時的巨作《另一個故鄉》（Heimat），每一幕搭配一種香氣，有乾草的氣味，也有漫步走過森林的氣味。「嗅覺是最神祕的感官，深植在邊緣系統，是人類大腦中古老獸性的一部分，這就是產生情緒、記憶所在的中心。你可以觸動並釋放如此直接的東西，就像聞到某種氣味時的反射，像是呆掉或逃跑，交配或遊戲。」格奧斯多夫也和電子樂作曲家卡爾・史東（Carl Stone）合作，進行即興的氣味與音樂表演，例如以機械、水窪、或溼狗毛的氣味，搭配水滴落入廢棄工廠的聲響。

　　2018年，他在馬丁－格羅皮烏斯博物館（Martin-Gropius-bau）的「無外之境」（World with No Outside）展覽表演〈四分之一自動完成：12分鐘進化〉（Quarter Autocomplete-Evolution in 12 Minutes）。同時也與科學家合作，測試Smeller 2.0治療憂鬱症和失眠的功能，「從策展到治療。」結果表明，高頻率氣味在憂鬱症患者身上活化情緒和製造多巴胺之間有直接的關聯性。「氣味就是未來的重點。」格奧斯多夫滿懷熱情地說：「經過多年的數位革命後，我們似乎終於要再度探索人體了，而氣味正是探索目標之一。」

[1]
[2]

[3]

[1][2]　Smeller 2.0湧出香氣和氣流的主要「氣口」，名為「雛菊」（Daisy）。

[3]　　Smeller 2.0的管狀系統，連接源頭氣腔和發散裝置。

嗅覺是最神祕的感官，深植在
邊緣系統，是人類大腦中古老
獸性的一部分，這就是產生情
緒、記憶所在的中心。

[4]

[4]　奧地利藝術家沃夫岡·格奧斯多夫。
[5]　氣味劇場〈氣味地景到聲音地景〉
　　　(*Scentscapes to Soundscapes*) 劇照，「同義詞」
　　　(Synosmy) 段落。

[5]

瑪婷卡・瓦爾茨尼亞克

大概很少有人能讓紐約人趨之若鶩，湧向梅西百貨的香水櫃臺買一瓶自己的體味吧！不過藝術家瑪婷卡・瓦爾茨尼亞克的作品〈Eeau de M〉就辦到了。「重點在於創造一場全世界規模最大的藝術展演，但是卻沒有任何人知情。」瓦爾茨尼亞克說。這名波蘭美國籍藝術家向《哈潑時尚》雜誌買下2014年五月號的廣告頁，拉頁式的香水廣告附上瓦爾茨尼亞克「剛剛運動過後的汗水」（據《Vice》雜誌的報導，其吸引力來自藝術家的純素飲食）香水樣本，搭配藝術家本人在浴缸中的全裸照片，姿態魅惑撩人。

〈Eau de M〉與典型的香水廣告幾乎沒有區別，共印在一百五十萬份雜誌中。「那是一種游擊藝術恐怖主義的形式，」她說：「讓人們在手腕上散播氣味，在對這件藝術計畫毫不知情的情況下，自願地傳播氣味。」

這件作品是另一件早期作品的延續，當時瓦爾茨尼亞克與科學家團隊合作，從自己的汗水、眼淚和毛髮中萃取物質。「我想要創造一種女性下意識的自畫像，沒有任何描繪者的視覺成見。人體的氣味就是一個人的本質，是比喻，也是生物性的。」瓦爾茨尼亞克形容自己未洗淨的頭髮氣味「帶有麝香和動物氣息，有如渾身是毛的家畜」，收集自熱瑜伽課的汗水聞起來「就像鮮豔的螢光綠」，熟睡時的汗水則「氣味較濃，像巧克力和蜂蜜」。眼淚有如「朝露，有少許鹹味和花香，就像炎熱夏日雷雨後的氣味」，與她合作的香水師注意到觀看懷舊波蘭卡通與911事件影片收集而來的眼淚的明顯差異（後者有恐懼的氣味）。2012年在紐約藝廊「Envoy Enterprises」的「聞我」（Smell Me）展覽中，訪客進入展間嗅聞氣味，這些氣味也以小巧的玻璃瓶和蠟燭形式展出，皆使用從瓦爾茨尼亞克身上刮下的石蠟製成。「我很享受嗅覺，」她如此認為：「愛人的身上有太多吸引人的氣味了，我們受到某些人的吸引時，其實是喜歡他們的氣味。這就是生命的生物本質。氣味帶來的理解與溝通方式，其實更加自然古老。」

[1]　藝術家瑪婷卡・瓦爾茨尼亞克擔任「Eau de M」的模特兒。

[2]　瓦爾茨尼亞克於2011年的「聞我」展覽中的兩款香水，萃取自藝術家本人的氣味。「睡衣#1」（Night Shirt #1, NS1）收集自連續穿著睡覺五個晚上的棉質T恤，「頭髮#1」（Hair #1, H1）則萃取自她的頭髮。

凱特‧麥克琳

　　從巴黎瑪黑區藝廊飄出的亮光漆氣味，到新加坡中藥行門口桶子裡的薄荷藥草味，英國藝術家與學者凱特‧麥克琳在她大受歡迎的全球各地城市的「氣味地圖」中捕捉這些氣味。「我想要超越以地標為代表的城市意象。」麥克琳說。她的氣味地圖就像抽象視覺藝術，由小點或環構成墨跡測驗般的彩色斑點，表現出都市景觀中的氣味濃度。每一件氣味地圖皆與世界各地城市中的集體「氣味散步」（smellwalks）合作搜集資料。「我喜歡找對氣味散步有興趣，而且對自己的城市有氣味經驗的當地人。」她說：「當地人能夠參與，就是最重要的部分，這樣才不會摻雜我的先入之見和揣想。」在每一場「氣味散步」中，參加者記錄他們聞到的細節，接著由麥克琳根據散步時感受到的氣味濃度，將每一種氣味編碼並統計總數。

　　隨著麥克琳的氣味地圖廣受報導，這項概念也越來越受歡迎。「在新加坡之前，我並不認識波羅蜜或榴槤的氣味。」回憶起「氣味散步」的趣事時，她認為：「那就像混合了生洋蔥、焦糖化洋蔥和香草卡士達，然後逐漸浮現茉莉香氣，結合印度和馬來西亞料理的辛香料氣息，還有潮溼的環境和高溫，讓氣味變得意外強烈鮮明。」麥克琳也是英國坎特伯雷基督教會大學（Cantebury Christ Church University）的教授，目前加入與特定氣味有關的記憶深度，以拓展氣味地圖的疆界，在其中加入指示，標明記憶可回溯到多久以前，無論是十年、二十年，還是更久。第一份使用記憶的「氣味地圖」是瑞士的洛桑（Lausanne），加入了祖父母和父母烹煮的家庭料理、度假的氣味，也有海灘的記憶。這些看似平凡無奇的氣味，往往能引發對城市的迷人見解，正如麥克琳所說：「我的興趣就是透過氣味研究文化。」

[3]

[4]

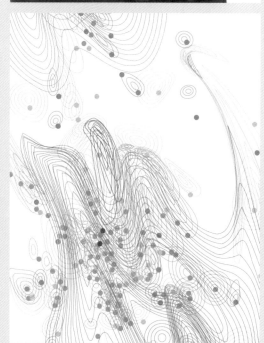

[3] 凱特‧麥克琳致力於創作人類感知的氣味地景、製圖，以及「肉眼不可見的」人類感官數據。

[4] 〈2011年微風徐徐的老霧都氣味〉（*Smells of Auld Reekie on a Very Breezy Day in 2011*）局部，顯示曲線符號化，勾勒出遍布愛丁堡的氣味濃度。

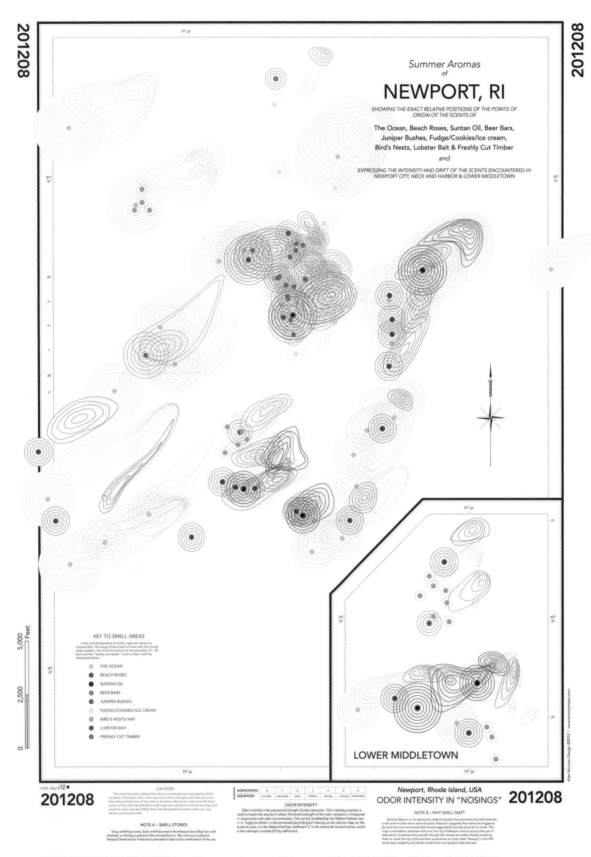

〈羅德島紐波特的夏日香氣〉（*Summer Aromas of Newport, RI*）氣味地圖，凱特・麥克琳製作。

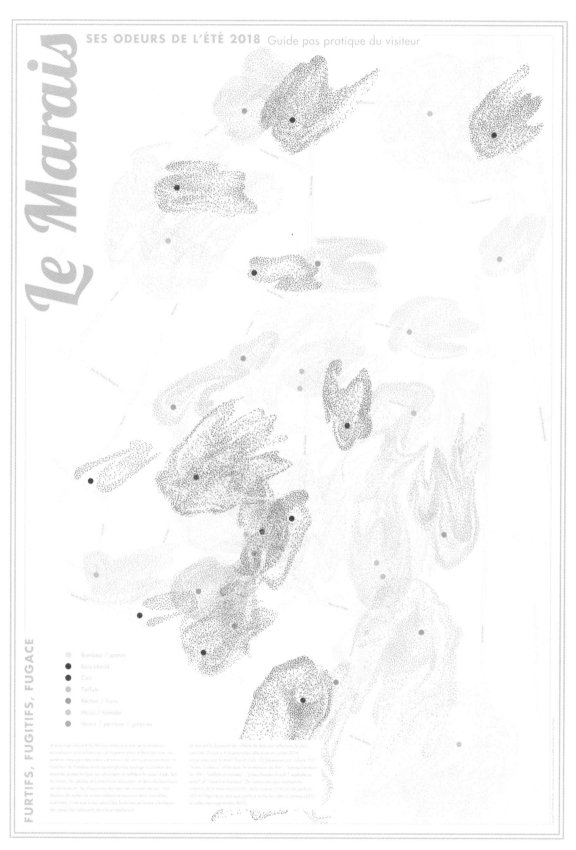

〈瑪黑區的夏日氣味〉（*Le Marais, Ses Odeurs de L'été*）氣味地圖，凱特·麥克琳製作。

史戴芬・德爾克斯

　　藝術家史戴芬・德爾克斯創作多層次的繁複氣味景觀。最好的例子就是2017年他為展覽「藝術汽車旅館」（Art Motel）創作的香水，由藝術團體轉型商業的成功傳奇，拉斯維加斯的喵狼團體（Meow Wolf Collective）策展。「那是佛羅里達主婦的氣味。」他如此形容「Connie」（康妮），一款以手搖式電話的氣味調配而成的香水。「我想像她是有如明日黃花的女人，在悶熱的雪佛蘭羚羊裡抱著一瓶伏特加，手裡夾著煙，喝得醉醺醺，望向車窗外的大海。我用了1960年代的口紅、熱燙金屬、伏特加、1970年代熱到融化的乙烯基汽車內裝、香菸等氣味。」這可不是典型的香水，德爾克斯也不是典型的調香師。來自布魯克林、自學出師的德爾克斯擁有音樂作曲的背景，擅長透過氣味描述勾起無限遐思的故事。

　　2019年在紐約市Plaxall藝廊舉辦的展覽「聞我！六道料理的嗅覺盛宴」（Smell Me！— An Olfactive Banquet in Six Courses），德爾克斯為《愛麗絲夢遊仙境》風格的晚宴創作了六款香水，表達不同的情感。懊悔聞起來像「過去發生的某件事，因此我運用樺木焦油，氣味就像撲滅的營火，餘火未盡。我也用了蜂蜜和琥珀調這類豐盈迷人的香氣。」他說：「懊悔其實是我們自己帶著受虐心態去滋長的，其中還有點享受的成分在。」興奮的呈現是「未達到的滿足，清新青草、輕盈花苞。」他說：「最含蓄的莫過於真正的花香，暗指花朵綻放前夕，明亮、充滿活力，但又尚未實現。」

　　德爾克斯自己的信仰式品牌Euphorium Brooklyn（布魯克林誘惑）沉浸在十九世紀神話中，結合靈性、神祕主義、偽科學。品牌中的每一款香水都由一名虛構的調香師製作，像是德國醫生與調香師克里斯汀・侯森克魯茨（Christian Rosenkreuz），他的「Wald」（森林）配方帶有浸泡楓糖漿與針葉林的香調，發想自藝術家本人的童年，「春季時分的加拿大森林，樹汁開始流淌。」無論是以藝術家或是調香師身分創作香水，兩者之間都是相連的。「我會使用合成原料以達到氣味持久的效果，或是創造某一個想法的特定反覆修正。」他解釋：「不

[1]

[2]

[1]　藝術家與調香師史戴芬・德爾克斯打造天馬行空、層次豐富的氣味景觀。

[2]　德爾克斯命名為「Connie」的佛羅里達主婦香水是專為2017年的展覽「藝術汽車旅館」打造，由拉斯維加斯的喵狼團體策展。

過，我盡量讓我的香水聞起來是自然帶有機感，而非那種超現代感的醛調化學炸彈。」

尚‧拉斯佩特

尚‧拉斯佩特探索香氣、藝術和科學的交匯點，設計出全新分子，在藝廊或香水跨國公司中都能同樣大顯身手。「我對了解物質的可能性很有興趣。」住在洛杉磯的拉斯佩特說：「氣味和創造新事物的物質有非常直接的連結。就我們的視覺而言並沒有新的色彩，不過卻有可能製造新的分子，創造新的氣味。」拉斯佩特在世界各地展出，是藝術領域中最常被以氣味創作提及的當代藝術家。2019年，拉斯佩特為香港藝廊Empty Gallery創作三種全新的香氣分子。Fructaplex©帶有「桃子和甜瓜香氣，混合塑膠氣息」， Sylvoxime©是森林琥珀香氣，帶有鼠尾草和香草植物香調，還有Hyperflor©散發馥郁花香，令人聯想到豐滿的玫瑰花瓣與一口咬下蘋果的感受。「我對製造全新的香氣分子很感興趣。」拉斯佩特說。

拉斯佩特是運用海藻開發生產食物的公司NonFood的共同創辦人，過去曾在受大肆報導的矽谷新創公司Soylent中使用R&D生產代餐，他對運用全新分子的迷戀不僅限於氣味，更延伸到風味。2018年在紐約Bridget Donahue藝廊展出「受體結合變化」（Receptor-Binding Variations）時，他創作了十種「原氣味」，就像色彩中的原色，使用香氛公司取得專利的粒子，依照分子特性排列成網格，讓觀眾在空間中走動時能夠感受不同分子之間的異同。拉斯佩特也書寫，並在洛杉磯的漢默美術館主持工作坊，探討氣味相關語彙發展的其他可能性，傳達描述香水的複雜性，而且無須訴諸常用的「聞起來像」。被問及是否關注人們喜歡他的全新香氛分子時，拉斯佩特回答：「想，也不想。我最關注這些分子的功能性和實用性，最終我希望能夠將之賣給香氛公司，或是大量生產這些分子，不過，人們以自己的方式體驗這些分子，這才是我更感興趣的事。」

[3]

[4]

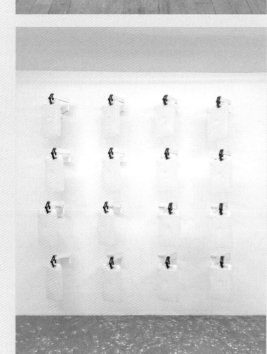

[3] 拉斯佩特的「受體結合變化」展覽中，有十款針對特定嗅覺受氣的特製分子配方，以電子擴香氣散播。

[4] 「新風味與香氣」（New Flavors and Fragrances）展出多種工業生產化合物，目的是要透過嗅覺感受讓人探索氣味的抽象層面。

圖像索引

281-287

Design Museum）

香水瓶，1800年，Mr.與Mrs. J. H. Wade贈與，克利夫蘭美術館

香水瓶，1845年，Mr.與Mrs. J. H. Wade贈與，克利夫蘭美術館

p.252（左至右，上至下）

Chanel No.5淡香精，arz

「Le Mâle」（裸男），尚－保羅・高堤耶，圖片來源：Stephen French/Alamy Stock Photo

Anna Sui三款香水瓶，圖片來源：studiomode/Alamy Stock Photo

CK one by Calvin Klein，圖片來源：Synthetic Alan King/Alamy Stock Photo

Dior「J'adore」（真我宣言），圖片來源：flow/Alamy Stock Photo，252

「Wish」（光鑽之願），蕭邦（Chopard），圖片來源：Filip Warulik/Alamy Stock Photo

p.253（上至下）

堤耶里・穆格勒，可填裝「異形」（Alien Refillable Stones）

「Blamage」（恥辱），Nasomatto，圖片提供：Alessandro Gualtieri

p.255~263圖片提供：Leta Sobierajski and Wade Jeffree

p.265 Smell-X Project，圖片提供：Timothy Woo

p.266（上）與Sfumato Fragrances合作的晚餐，底特律，2017年，圖片提供：Emily Berger

p.266（下）「玫瑰花束」（Bunch of Roses）晚餐，紐約布魯克林，2018年，圖片提供：Sylvie Rosokoff

p.267 Neose Pro，Aryballe Technologies，圖片來源：www.aryballe.com

p.270（上）圖片提供：Lili Dubbick

p.270（中、下）Pervilion at Silver Building，2019年，圖片提供：Ottilie Landmark與Dorothy Feaver

p.271（上）圖片提供：Esa Vesmanen圖片提供

p.271（下）AiR 2003，圖片提供：Hilda Kozári

p.272 Smeller 2.0，圖片提供：Wolfgang Georgsdorf

p.273（上）圖片提供：Erik Scholz

p.273（下）Scentscapes to Soundscapes，氣味劇場節（Osmodrama Festival），2016年柏林聖約翰福音教會（Johannes Evangelist Kirche），圖片提供：Julian van Diecken

p.274（上）Eau de M，2014年，圖片提供：Martynka Wawrzyniak

p.274（下左）Night Shirt #1 (NS1)，2011年，收集自08.06.11~08.11.11連續五個晚上穿著睡覺的棉質T恤，汗水萃取、玻璃、黃銅，尺寸3 × 2 × 2英寸，圖片提供：Martynka Wawrzyniak

p.274（下右）Hair #1 (H1)，2011年，取自07.20.11的頭髮萃取物、玻璃、黃銅，尺寸3 × 2 × 2英寸，圖片提供：Martynka Wawrzyniak

p.275~277 圖片提供：Kate McLean

p.278（上）圖片提供：Calvert Crary

p.278（下）圖片提供：Stephen Dirkes

p.279（上）紐約市Bridget Donahue藝廊與柏林Société藝廊，圖片提供：Gregory Carideo，Sean Raspet版權所有

p.279（下）巴黎New Galerie藝廊，圖片提供：Aurélien Mole，Sean Raspet版權所有

香氛學

氣味、芳香、香水，探索人類最私密的嗅覺感官世界

原著書名	The Essence
作　　者	Gestalten
譯　　者	韓書妍

總 編 輯	王秀婷
責任編輯	李　華
美術編輯	于　靖
版　　權	徐昉驊
行銷業務	黃明雪

發 行 人	涂玉雲
出　　版	積木文化

104台北市民生東路二段141號5樓
電話：(02) 2500–7696｜傳真：(02) 2500–1953
官方部落格：www.cubepress.com.tw
讀者服務信箱：service_cube@hmg.com.tw

發　　行　英屬蓋曼群島商家庭傳媒股份有限公司城邦分公司
台北市民生東路二段141號11樓
讀者服務專線：(02)25007718–9｜24小時傳真專線：(02)25001990–1
服務時間：週一至週五09:30–12:00、13:30–17:00
郵撥：19863813｜戶名：書虫股份有限公司
網站：城邦讀書花園｜網址：www.cite.com.tw

香港發行所　城邦（香港）出版集團有限公司
香港灣仔駱克道193號東超商業中心1樓
電話：+852–25086231｜傳真：+852–25789337
電子信箱：hkcite@biznetvigator.com

馬新發行所　城邦（馬新）出版集團 Cite（M） Sdn Bhd
41, Jalan Radin Anum, Bandar Baru Sri Petaling, 57000 Kuala Lumpur, Malaysia.
電話：(603) 90578822｜傳真：(603) 90576622
電子信箱：cite@cite.com.my

國家圖書館出版品預行編目資料

香氛學/Gestalten作；韓書妍翻譯. -- 初版. -- 臺北市：積木文化出版：英屬蓋曼群島商家庭傳媒股份有限公司城邦分公司發行, 2022.08
　面；　公分
譯自：The essence.
ISBN 978-986-459-427-6(精裝)

1.CST: 香水

466.71　　　　　　　　　　111010433

製版印刷　上晴彩色印刷製版有限公司

城邦讀書花園
www.cite.com.tw

Original title: The Essence – Discovering the World of Scent, Perfume & Fragrance
Original edition conceived, edited and designed by gestalten

Edited by Robert Klanten, Carla Seipp, Santiago Rodriguez Tarditi
Introduction by Blake Z. Rong
Texts by Allen Barkkume, Suzy Nightingale, Hannah Lack, Karen Orton,
Santiago Rodriguez Tarditi, Carla Seipp, Lee Wallick and Maxwell Williams
Editorial management by Sam Stevenson
Design, layout and Cover by Ilona Samcewicz-Parham
Cover and olfactory illustration by David Doran
Map design by Bureau Rabensteiner
Published by gestalten, Berlin 2019

【印刷版】
2022年 8 月 25日　初版一刷
售　價／NT$1200
ISBN 978-986-459-427-6
Printed in Taiwan.